崩岗侵蚀风险评估及分类防控关键技术研究

程冬兵 等 著

科学出版社
北京

内 容 简 介

　　本书以崩岗侵蚀为研究对象,首次引入风险评估理念,实验研究与理论分析相结合,系统开展崩岗侵蚀风险评估及分类防控关键技术研究,旨在为我国南方崩岗侵蚀防治提供科学依据。全书共分为七章,第 1 章主要介绍了研究背景及相关国内外研究进展;第 2 章简要分析崩岗侵蚀现状及危害;第 3 章总体论述崩岗侵蚀发育的区域环境背景;第 4 章详细介绍崩岗侵蚀发育演变过程及关键驱动因素识别;第 5 章和第 6 章分别详细阐述崩岗侵蚀风险内涵及评估程序、崩岗侵蚀风险评估过程和结果;第 7 章提出不同风险类型崩岗侵蚀综合防控模式。

　　本书可供广大从事崩岗侵蚀防治与管理的科研工作者、行政管理部门及相关技术人员参考使用。

图书在版编目(CIP)数据

崩岗侵蚀风险评估及分类防控关键技术研究/程冬兵等著. —北京:科学出版社,2018.11
　ISBN 978-7-03-059855-4

　Ⅰ.①崩… Ⅱ.①程… Ⅲ.①崩岗–侵蚀作用–研究 Ⅳ.①P642.21

　中国版本图书馆 CIP 数据核字(2018)第 264766 号

责任编辑:万　峰　朱海燕 / 责任校对:何艳萍
责任印制:肖　兴 / 封面设计:北京图阅盛世文化传媒有限公司

科学出版社 出版
北京东黄城根北街 16 号
邮政编码:100717
http://www.sciencep.com

北京通州皇家印刷厂 印刷
科学出版社发行　　各地新华书店经销
*
2018 年 11 月第 一 版　　开本:787×1092 1/16
2018 年 11 月第一次印刷　　印张:14 3/4
字数:335 000
定价:139.00 元
(如有印装质量问题,我社负责调换)

作者简历

程冬兵，男，汉族，博士，教授级高级工程师，1979年11月出生于江西省乐平市，2008年进入长江科学院水土保持研究所工作，现任水土保持研究所土壤侵蚀研究室主任。担任南方水土保持研究会理事、湖北省水土保持学会理事、中国水土保持学会城市水土保持生态建设专业委员会委员等职务。一直从事水土保持相关科研工作，完成或正在进行的科研项目30余项，公开发表论文50余篇，出版著作2部，参编国家标准1部、行业标准2部。

前　言

　　崩岗侵蚀是指在我国南方发育于花岗岩或第四纪红黏土风化壳上,在水力、重力综合作用下,发生的以坡面土状物质整体崩塌为主,并形成破碎地貌形态的混合侵蚀。崩岗侵蚀是我国南方红壤丘陵区特有的一种水土流失类型,广泛分布于长江以南的广东、江西、广西、福建、湖南、湖北、安徽七省(自治区),造成的水土流失极为严重,崩岗侵蚀发生地随处呈现千沟万壑,峭然耸峙,支离破碎的地貌形态,生态平衡严重失调。崩岗侵蚀是南方红壤丘陵区国土安全、粮食安全、生态安全、防洪安全和公共安全的主要威胁,是该区域发展生态经济,振兴农业的最大障碍,严重制约了当地社会经济的可持续发展,影响社会的稳定。如何有效防治崩岗,减轻由其引发的各种生态环境问题是当前南方红壤丘陵区水土流失治理和生态环境整治工作中亟待解决的重要问题之一。

　　党和政府历来高度重视崩岗侵蚀防治工作,《全国水土保持生态环境建设规划(1998—2050年)》中明确将崩岗侵蚀治理列入国家优先实施的工程项目。2005年"中国水土流失与生态安全综合科学考察"将崩岗侵蚀作为南方红壤区考察组的重点考察内容,并大力呼吁加强开展崩岗侵蚀防治工作。同时,我国有关单位和专家学者也围绕崩岗侵蚀的成因、规律及治理措施等方面扎实开展了一些科研工作,为崩岗侵蚀的防治提供了一定的理论指导。然而,由于崩岗侵蚀成因复杂,研究手段有限,创新理念缺乏,崩岗侵蚀过程与机理经历了较长的瓶颈期,至今仍没有实质性突破,崩岗侵蚀风险评估也是几近空白,使得目前崩岗侵蚀治理缺乏分类系统的科学指导,治理措施单一零散,治理进程缓慢,在有些地方甚至仍呈加剧发展的状态,迫切需要打破传统思维,创新理念,探索全新的崩岗侵蚀防控策略,为我国南方崩岗侵蚀防治提供科学依据。

　　为了贯彻落实《国家中长期科学和技术发展规划纲要(2006—2020年)》的精神,根据《全国水土保持科技发展规划纲要(2008—2020年)》相关要求,水利部通过"公益性行业科研专项"设置专项研究,积极组织实施"崩岗侵蚀风险评估及分类防控关键技术研究"(项目编号:201501047)。该项目以崩岗侵蚀为研究对象,首次引入风险评估理念,充分利用已有研究成果,实验研究与理论分析相结合,系统开展基于风险管理理论指导下的崩岗侵蚀防控研究。通过3年的实施,基本弄清了崩岗侵蚀发育的区域环境背景,阐明了崩岗侵蚀发育演变过程,揭示了崩岗侵蚀的关键驱动因素,界定了崩岗侵蚀风险内涵,提出了崩岗侵蚀风险评估程序,构建了崩岗侵蚀风险评估指标体系,探索了崩岗侵蚀风险评估方法,绘制了南方七省(自治区)崩岗侵蚀风险等级图,并提出了基于风险等级的崩岗侵蚀防治分类体系,最后针对不同风险等级的崩岗侵蚀,系统总结出了相应的综合防控模式。相关成果不仅可直接为相关行政主管部门对崩岗侵蚀防治决策提供参考依据,以此加快崩岗侵蚀治理进程,改善区域生态环境,保障区域生态安全和当地居民的生产生活条件,而且有效提升水土保持对区域生态文明建设的科技支撑能力。

全书由程冬兵、李定强、胡建民等共同撰写。第 1、2、5 章由程冬兵撰写，第 3 章由程冬兵、王昭艳撰写，第 4 章由李定强、卓慕宁、廖义善、张思毅撰写，第 6 章由程冬兵、赵元凌撰写，第 7 章由胡建民、肖胜生、汤崇军、程冬兵撰写。程冬兵负责全书统稿。

由于作者水平有限，成书时间仓促，不妥之处在所难免，敬请各位同行专家和读者批评指正。

作 者

2017 年 12 月于武汉

目　　录

前言

第1章　绪论 ·· 1

　1.1　研究背景 ··· 1

　1.2　国内外研究进展 ··· 2

　　1.2.1　崩岗侵蚀研究进展 ·· 2

　　1.2.2　风险评估研究进展 ·· 16

　1.3　研究目标与任务 ··· 17

　　1.3.1　研究目标 ·· 17

　　1.3.2　研究任务 ·· 17

　1.4　研究技术路线 ··· 18

第2章　崩岗侵蚀现状及危害 ·· 20

　2.1　崩岗侵蚀典型调研 ·· 20

　　2.1.1　长汀县 ··· 20

　　2.1.2　五华县 ··· 20

　　2.1.3　宁都县 ··· 22

　　2.1.4　赣县 ·· 24

　　2.1.5　通城县 ··· 25

　2.2　崩岗侵蚀现状 ·· 26

　　2.2.1　崩岗侵蚀分类 ·· 26

　　2.2.2　崩岗侵蚀分布 ·· 28

　2.3　崩岗侵蚀特点 ·· 30

　　2.3.1　流失强度剧烈 ·· 30

　　2.3.2　直接影响范围大，危害严重 ·· 30

第3章　崩岗侵蚀发育的区域环境背景 ··· 32

　3.1　地质条件 ··· 32

　3.2　地形地貌因素 ··· 32

　3.3　气候因素 ··· 33

　3.4　土壤因素 ··· 34

　3.5　植被因素 ··· 34

　3.6　人为因素 ··· 34

　3.7　小结 ··· 34

第4章　崩岗侵蚀发育演变过程及关键驱动因素识别 ···································· 35

4.1　研究区概况 ……………………………………………………………… 35

4.2　崩岗侵蚀发育演变过程 ………………………………………………… 37

4.2.1　崩岗侵蚀微地貌的空间分异 …………………………………… 37

4.2.2　崩岗侵蚀形态变化特征 ………………………………………… 57

4.3　崩岗侵蚀发育演变过程的关键驱动因素 ……………………………… 72

4.3.1　崩岗侵蚀发育的环境基础 ……………………………………… 72

4.3.2　崩岗侵蚀发育的物质基础 ……………………………………… 86

4.3.3　崩岗侵蚀人工模拟降雨试验 …………………………………… 100

4.4　小结 ………………………………………………………………………… 103

第5章　崩岗侵蚀风险内涵及评估程序 ……………………………………… 104

5.1　崩岗侵蚀风险内涵 ……………………………………………………… 104

5.2　崩岗侵蚀风险评估程序 ………………………………………………… 105

5.2.1　问题提出 ………………………………………………………… 106

5.2.2　风险分析 ………………………………………………………… 106

5.2.3　风险表征 ………………………………………………………… 107

5.2.4　风险管理 ………………………………………………………… 107

5.3　小结 ………………………………………………………………………… 108

第6章　崩岗侵蚀风险评估 …………………………………………………… 109

6.1　崩岗侵蚀风险评估方法 ………………………………………………… 109

6.1.1　基本原理 ………………………………………………………… 109

6.1.2　评估指标筛选原则 ……………………………………………… 109

6.1.3　风险评估模型 …………………………………………………… 110

6.2　基础数据处理 …………………………………………………………… 111

6.2.1　崩岗分布数据 …………………………………………………… 111

6.2.2　土地利用类型数据 ……………………………………………… 113

6.2.3　植被覆盖度数据 ………………………………………………… 114

6.2.4　高程数据 ………………………………………………………… 116

6.2.5　坡度数据 ………………………………………………………… 117

6.2.6　坡向数据 ………………………………………………………… 118

6.2.7　地形起伏度数据 ………………………………………………… 119

6.2.8　降水量数据 ……………………………………………………… 120

6.2.9　气温数据 ………………………………………………………… 121

6.2.10　地质数据 ………………………………………………………… 122

6.2.11　土壤类型数据 …………………………………………………… 123

6.3　崩岗侵蚀风险评估指标筛选 …………………………………………… 124

6.3.1　风险评估因子分析 ……………………………………………… 124

6.3.2　崩岗侵蚀密度 …………………………………………………… 129

6.3.3　评估指标筛选 …………………………………………………… 129

6.3.4　评价尺度 ·· 131
6.4　崩岗侵蚀风险评估 ··· 131
6.4.1　基于熵信息的双变量风险评估 ·· 132
6.4.2　基于 Logistics 回归的多变量风险评估 ······························· 139
6.5　小结 ··· 148
第 7 章　不同风险类型崩岗侵蚀综合防控模式 ··· 149
7.1　崩岗治理专题调研 ··· 149
7.1.1　福建 ··· 149
7.1.2　广东 ··· 151
7.1.3　江西 ··· 152
7.2　崩岗治理典型措施 ··· 157
7.2.1　典型工程措施 ·· 157
7.2.2　典型植物措施 ·· 165
7.2.3　典型化学措施 ·· 184
7.3　崩壁专项治理技术 ··· 189
7.3.1　崩壁防治技术要点 ··· 189
7.3.2　崩壁治理和植被快速恢复技术 ·· 190
7.4　不同风险类型崩岗侵蚀综合防控模式 ·· 196
7.4.1　基于风险评估的崩岗侵蚀防控总体思路 ·································· 196
7.4.2　不同风险等级崩岗侵蚀防控模式 ·· 197
7.5　示范点建设 ··· 205
7.5.1　野外示范点筛选 ··· 205
7.5.2　赣县示范点 ··· 207
7.5.3　修水示范点 ··· 214
7.6　小结 ··· 221
参考文献 ·· 222

第1章 绪 论

1.1 研究背景

一般认为，崩岗侵蚀是指山坡土体或岩石体风化壳在重力和水力共同作用下分解、崩塌和堆积的侵蚀现象，是我国南方水土流失的一种特殊类型，广泛分布于南方红壤丘陵区，涉及长江流域、珠江流域和东南沿海诸河流域，总面积超过了 1200km²，直接危害和影响面积达 1.95 万 km²。尽管崩岗在水土流失面积中所占的比例不大，但侵蚀模数巨大，平均土壤侵蚀模数高达 5.90 万 t/（km²·a），是剧烈侵蚀的 4 倍，且发展速度快，具有突发生、长期性等特点，危害十分严重。崩岗区到处呈现千沟万壑，峭然耸峙，支离破碎的地貌形态，区域生态平衡严重失调，下泄的大量泥沙或淹埋下游的农田和绿地，使良田变成沙砾裸露寸草不生的沙碛地，或冲毁道路、桥梁、淹埋村庄，严重威胁到当地及下游地区的公共安全，更严重的还淤积江、河、湖、库，不断抬高河床，毁坏基础设施，降低了水利设施调蓄功能和天然河道泄洪能力，加剧了下游的洪涝灾害。崩岗侵蚀是我国南方红壤丘陵区国土安全、粮食安全、生态安全、防洪安全和公共安全的主要威胁，是南方山区发展生态经济，振兴农业的最大障碍，严重制约了当地社会经济的可持续发展，影响社会的稳定。如何有效防治崩岗，减轻由其引发的各种生态环境问题是当前南方红壤区水土流失治理和生态环境整治工作中亟待解决的重要问题之一。

党和政府历来高度重视崩岗防治工作，《全国水土保持生态环境建设规划（1998—2050 年）》中明确将崩岗侵蚀治理列入国家优先实施的工程项目。2005 年"中国水土流失与生态安全综合科学考察"将崩岗侵蚀作为南方红壤区考察组的重点考察内容，并大力呼吁加强开展崩岗防治工作。同时，我国有关单位和专家学者也围绕崩岗的成因、规律及治理措施等扎实开展了一些科研工作，为崩岗的防治提供了一定的理论指导。

然而，由于崩岗成因复杂，研究手段有限，创新理念缺乏，崩岗侵蚀过程与机理经历了较长的瓶颈期，至今仍没有实质性突破，崩岗侵蚀风险评估也是几近空白，使得目前崩岗侵蚀治理缺乏分类系统的科学指导，治理措施单一零散，治理进程缓慢，在有些地方甚至仍呈加剧发展的状态，迫切需要打破传统思维，创新理念，探索全新的崩岗侵蚀防控策略，为我国南方崩岗侵蚀防治提供科学依据。

本研究属于《国家中长期科学和技术发展规划纲要（2006—2020 年)》中环境领域的优先主题"生态脆弱区域生态系统功能的恢复重建"的范畴，也与《全国水土保持科技发展规划纲要（2008—2020 年）》所确定的"主要土壤侵蚀区水土保持研究重点"中"南方红壤区崩岗侵蚀研究"及"水土保持科技重点研究领域"中"水土流失区林草植被快速恢复与生态修复关键技术"等重大基础理论与关键技术紧密联系。

通过本研究的实施，旨在弄清崩岗发育的区域背景因素，阐明崩岗发育演变过程，揭示崩岗侵蚀的关键驱动因素，构建崩岗风险评估指标体系，提出基于风险评估的崩岗侵蚀防治分类体系，研究提出不同风险类型崩岗综合防控模式，为南方崩岗防治提供科学依据，加快崩岗治理进程，改善区域生态环境，保障区域生态安全和当地居民的生产生活条件，尤其是低风险崩岗治理模式，可有效促进当地社会经济发展，具有显著的经济效益。同时，本项目的实施对于促进改善南方崩岗区的生态环境和构建生态文明有积极作用，将推动水土保持发展和提升水土保持科技支撑能力，预期成果将促进南方崩岗防治进程，具有重大的社会效益。

1.2 国内外研究进展

1.2.1 崩岗侵蚀研究进展

崩岗是我国南方一种特殊的水土流失类型，由于在区域上具有一定的地域性，国外以崩岗为主题的研究较少。我国对崩岗侵蚀的研究始于 20 世纪 60 年代，80～90 年代发展较快，主要涉及从崩岗内涵、崩岗分类、发展过程、形成机理和治理措施等方面。

1. 崩岗的含义

1960 年，华南师范大学曾昭璇教授首次将"崩岗"一词引入学术专著《地形学原理》，提出崩岗是指"发育在红土丘陵地区的冲沟沟头部分经不断地崩塌和陷蚀作用而形成的一种围椅状地貌"。1980 年，曾昭璇在《中国自然地理（地貌）》一书中对包括崩岗在内的花岗岩地貌水土流失现象有了较为详细的描述和分析，即崩岗是在地下水、地表径流和重力综合作用下，厚层风化物被剥蚀、崩塌后下部落空，产生不稳定层后形成的特殊地貌现象，是厚层风化壳地表在重力和水力综合作用下产生的"崩口"地形，在红土低丘陵地区普遍存在。史德明（1984）对"崩岗"有了新的诠释，他认为崩岗具有发生学和形态学的双重意义，反映了水力、重力侵蚀发生和发展的过程，"崩"是对侵蚀发生过程的表述，包括崩落、滑塌和倾覆等运动；"岗"则是特指具有一定高度的土状陡壁，是对南方低丘岗地地貌形态的描述。地理学界一些学者将崩岗侵蚀形成的地貌景观称为"烂山地貌"和"劣地景观"。牛德奎于 1984 年在江西南康市和赣县崩岗发生地对村民进行社会经济状况调查时，中老年村民就讲述：在 20 世纪 50 年代初，当地村民曾自发地组织过崩岗的治理，进而指出那时或更早就已经有"崩岗"一词。徐朋（1991）认为崩岗是沟蚀发展到末了阶段造成重力侵蚀的重要表现，其基本形态是由单一冲沟或数条冲沟组合连通发展而成，由于后来重力崩塌的破坏，造成冲沟相互连通，形成崩岗。阮伏水（1996）认为崩岗侵蚀在地形上具有沟谷发育的特征，并且多发于低丘岗地区，因此，更应将其归类为沟谷侵蚀的范畴，故应称其为"崩岗沟"。牛德奎（2009）综合相关研究认为崩岗为"在水力、重力综合作用下发生的，以坡面土状物质整体崩塌为主并形成破碎地貌形态的侵蚀现象。"

由于崩岗侵蚀在我国亚热带、热带地区发生频繁，分布广泛，且易造成生态环境上的不良后果，已经引起专家学者重视并加以研究。"崩岗"作为专有名词在水土保持学、土壤学、地理学、地质地貌学等文献中已经被广泛引用。2003 年由长江水利委员会组织编制的《南方崩岗防治规划（2008—2020 年）》中，定义崩岗是指山坡土体或岩石体风化壳在重力和水力作用下分解、崩塌和堆积的侵蚀现象，是我国南方水土流失的一种特殊类型。《中国水利百科全书：水土保持分册》（王礼先，2004）中对崩岗（slope collapse）定义为：在水力和重力作用下，山坡土（石）体破坏而崩坍和受冲刷的侵蚀现象。并指出，在雨量充沛、日照强、气温强、气温高、温差大、岩石的物理风化和化学风化强烈的地区容易发生崩岗。每当雨季，风化岩体大量吸水、土粒膨胀，内聚力减小，抗剪力降低，易产生裂隙，在重力作用下发生崩塌，逐步形成崩岗。有的崩岗是在特大暴雨下，坡面径流大量下渗，土体吸水达到饱和，在动水压力作用下发展而成；有的靠近山间溪流，由于侧向冲刷，造成岸坡坡脚淘空，在山坡水流作用下，土体失去平衡，产生崩塌，也会逐步形成崩岗。《水土保持术语》（GB/T 20465—2006）中定义崩岗为山坡土体或岩石体风化壳在重力与水力作用下分解、崩塌和堆积的侵蚀现象。

在国外对崩岗的描述还没有专门的类型名词，Xu（1996）认为崩岗侵蚀地貌与斯威士兰的"dongas"和马达加斯加岛的"lavaka"类似。有学者将此类地形称为陡脊（scarcrest）、壁龛脊（nichedridges 或 nischengrate）（Luk et al.，1987）、崩坡（land Slide 或 derrumbes）等，还有学者将其列为冲沟（gully）的一种（Zanchar，1982；丘世钧，1994），或认为沟蚀发展的高级阶段（di Cenzo and luk，1997）。也有专家称之为劣地（badland）（Imeson，1980；Zanchar，1982），其与崩岗差异很大。

综上所述，本研究认为，崩岗是指在南方发育于花岗岩或第四纪红黏土风化壳上，由于水力、重力综合作用下，发生的以坡面土状物质整体崩塌为主，并形成破碎地貌形态的混合侵蚀。

2. 崩岗分类研究

崩岗分类主要是依据崩岗的形态进行分类。崩岗的形态特征指崩岗在侵蚀过程中，在坡面形成外部形态各异的现象，它与所处的地形部位、集水面积、风化壳厚度和裂隙特性等密切相关。探讨崩岗的形态特征有助于科学分析其形成的机理和采取相应的治理措施。曾昭璇（1980）在分析花岗岩丘陵地貌形态时指出，每个崩岗后缘有弧形崖壁，坡度多为 70°～80°，崖下有很短的水流冲刷的"巷沟"，直通沟口小型的堆积扇。后有学者将崩岗地貌按位置从上到下为集水盆、沟道、洪积扇 3 个部分，但吴志峰等（1999）等认为这样的划分不够清晰，难以全面概括崩岗地貌，且不容易与泥石流等水土流失现象区分开。许多崩岗并不完全具备上述 3 个部分，如发育在凸形坡的条形崩岗就没有集水盆可言，而弧形崩岗就不存在沟道。通过野外实地调查分析，应该将崩岗地貌分为崩壁、崩积堆、冲积扇这 3 个部分更为合理。同时也认为这 3 个部分在崩岗的发育形态上都是相互联系的，只是在发育规模和具体形态特征上有差异。崩壁、崩积堆、冲积扇三者自上而下依次排列，三者之间有物质输送和能量转化。同时，外界环境对崩岗侵蚀系统也有能量输入，主要包括降雨动能和重力势能，崩岗系统的物质能量传输转化过程也就是崩岗侵蚀地貌的发育过程。同时进一步强调，崩壁是崩岗的主要的组成部分，它是风化壳土体在重力与水的作用下发生倾倒、滑塌等失稳变化而产生的近乎垂直的陡壁，高度通常从几米到十几米不等，正是由于崩壁的存在才有重力崩塌过程的继续及崩积准的产生。牛德奎（2009）认为崩岗在形态上由崩岗缘、崩岗陡壁、崩积堆、流通段和沟口冲积扇等要素构成。张平仓与程冬兵（2014）在总结前人成果的基础上，提出崩岗一般由集雨区、崩岗区和冲积扇区组成。①集雨区是指崩塌线以上及两侧的坡面区域。②崩岗区是指崩塌发生区域，一般由崩口、崩壁、崩积体、崩岗沟等组成：崩口是指崩塌线边缘部位；崩壁是指土体崩塌坠落后留存的陡峭坡面；崩积体是指上方土体崩落后在坡脚形成的土堆；崩岗沟是指崩积堆下方和崩岗沟出口之间的区域，是崩岗内水流和泥沙输送至溪流或下游的通道。③冲积扇区是指崩岗沟下游出口、地势相对开阔、由水流携带的泥沙呈扇形沉积的区域。

曾昭璇（1980）在《中国自然地理（地貌）》一书中根据崩岗形态，将崩岗分为瓢形（或囊状）崩岗、分支崩岗和箕形崩岗。史德明（1984）在剖析我国热带亚热带地区崩岗侵蚀过程时，描述了瓢形崩岗、条形崩岗和弧形崩岗的发育过程及特点。张淑光和钟朝章（1990）在分析广东省崩岗形成机理与类型时，将崩岗分成条形、瓢形、弧形和扇形。丘世钧（1994）对红土坡地崩岗侵蚀过程与机理分析时，按形态特征将崩岗分为：条形崩岗、叉形崩岗、瓢形崩岗、箕形崩岗、劣地状崩岗。丁光敏（2011）根据崩岗坡面外表形态，将崩岗分为瓢状、条状、爪状、箕形、弧形和混合型六种。牛德奎（2009）在崩岗侵蚀阶段发育与形态的研究中，将崩岗形态分为：瓢形、掌形、条形和复合型。总体上看，将崩岗划分成瓢形、条形、弧形和箕形的形态分类为多数研究者所采纳（张淑光等，1999；丁光敏，2001）。《南方崩岗防治规划（2008—2020 年）》中，关于崩岗形态的划分与统计采用了条形、弧形、瓢形、爪形和混合型的分类标准，并纳入到《南方红壤丘陵区水土流失综合治理技术标准》（SL 657—2014）中。

除上述形态划分外，研究者们还依据研究或评估目的不同进行了其他分类的尝试。徐朋（1991）等对福建崩岗的分类命名进行了专题撰文，该文根据轴向将崩岗划分为阳坡崩岗和阴坡崩岗；按照 C. C 沃斯可烈夫斯基元坡系统理论中关于有序性元坡和无序性元坡的理论，将崩岗坡面径流线分为平行型、放射型和收敛型，在此基础上形成条形崩岗、弧形崩岗和瓢形崩岗；按崩岗活动情况划分为活动型崩岗和稳定型崩岗；按崩岗发育程度划分为坡脚崩岗、坡面崩岗和破弃崩岗；按崩岗的剖面形态划分为单沟崩岗和复沟崩岗。《南方崩岗防治规划（2008—2020 年）》中，根据崩岗规模大小进行划分，面积为 $60 \sim 1000 m^2$ 的为小型崩岗，面积为 $1000 \sim 3000 m^2$ 的为中型崩岗，面积大于 $3000 m^2$ 的为大型崩岗；根据崩岗发育程度划分为活动型崩岗和相对稳定型崩岗。此分类也被纳入到《南方红壤丘陵区水土流失综合治理技术标准》（SL 657—2014）中。

崩岗的一个显著特点就是发展速度快、突发性强、侵蚀量大，比一般的水土流失更具威胁性和危害性，但已有研究均未能考虑其风险，目前还未见基于风险评估的崩岗分类的研究报道。

3. 崩岗侵蚀发展过程研究

崩岗一般情况下是从沟谷的出水处发源而起，水从山脊线往下流，经过坡面时由于径流冲刷作用必然产生细沟，细沟在裂隙处逐渐变大，易于形成大沟，沟底与沟顶边即形成高差，在重力作用下，不断产生不同规模崩塌，最后形成崩岗（丁光敏，2001）。丁树文等（1995）认为崩岗形成过程为陡坡形成、龛形成、崩岗形成。江金波（1995）划分的崩岗侵蚀阶段为冲沟沟头后退、崩积锥再侵蚀、沟壁后退、冲出洪积扇；吴志峰等（1999）认为崩岗侵蚀过程主要为崩壁的崩塌后退、崩积堆的再侵蚀、沟床侵蚀。丘世钧（1999）通过对广东省雷州杨家镇砂页岩、砂岩、粉砂岩的风化层上崩岗侵蚀的研究后认为，切割下坠是砂页岩地区崩岗源头墙壁后退方式之一。姚庆元和钟五常（1966）、史德明（1984）等按崩塌作用活跃程度和发展区域将崩岗侵蚀过程分为：初期（陡壁形成和崩塌作用发生时期），水力冲刷为主；中期（崩塌作用发展和增强时期），重力崩塌为主；末期（崩塌作用削弱衰亡时期），陡壁推进集水区域边缘，陡壁高度越来越小，堆积的砂土上面开始有植物的生长。吴克刚等（1989）将侵蚀过程分为深切期、崩塌期和夷平期。牛德奎（1990；1994；2009）将侵蚀过程划分问网纹细沟阶段、阶梯沟阶段、深沟阶段、崩岗扩展阶段，并在对崩岗影响因子进行综合分析的基础上，将崩岗分为：发展型崩岗、剧烈型崩岗、缓和型崩岗、停止型崩岗。张淑光和钟朝章（1990）则将崩岗发育阶段划分为：深切期、崩塌期和平衡期三个阶段。钟继红等（1992）在阐述南方山区花岗岩风化壳崩岗侵蚀及其防治对策时，按崩岗发育过程将崩岗分为幼年期、青壮年期、老年期。贾吉庆等（1994）将崩岗侵蚀划分为初期、活动期和稳定期这三个阶段。阮伏水（1996）将崩岗的发育过程划分为幼年期、青年期、壮年期、衰老期、晚年期。丁光敏（2001）将侵蚀阶段划分为初期、中期、晚期。吴志峰等（1999）认为崩岗系统的发育趋势首先表现为 Logistic 过程，随后分化为持续发展、波动、稳定平衡、消亡 4 种趋势。陈志彪等（2006）将阮伏水分类归纳为初期（幼年期）、中期（青年期）、晚期（壮年期、衰老期和晚年期）。陈志彪（2007）将崩岗侵蚀划分为：初期（幼年期）、中期（青年期）和晚期（壮年期、衰老期和晚年期）。初期（早期）阶段沟头位于坡面的中下位，活动期（中期）阶段沟头位于坡面的中上位，稳定期（晚期）阶段沟头已切过分水岭，其中的活动期（中期）在崩岗发育过程中所占的时间跨度最长。张大林和刘希林（2011）将崩岗发展阶段划分为幼年期、壮年期、老年期，并确定了发展阶段的划分指标。

现有成果为崩岗发生发展过程研究提供了重要理论基础，但由于多以定性描述为主，传统的研究手段难以定量确定崩岗发育阶段指标，也无法动态监控崩岗发育发展过程。

4. 崩岗形成机理研究

史德明（1984）把崩岗归为水蚀范围，张淑光和钟朝章（1990）认为应该属重力侵蚀范畴。更多学者认为崩岗既有重力侵蚀，又有水蚀，两者缺一不可（张学俭，2010），水力和重力是崩岗发生的作用力。大部分崩岗的产生由面蚀沟蚀引发，此阶段主要为水力起作用；当侵蚀进入以崩塌为主时，重力起主导作用（钟继洪，1992）。在崩岗侵蚀过程中，大量碎屑物质随重力作用或径流作用发生高强度的迁移、重定位或由于后续外营力作用再迁移。阮伏水（1996）认为崩岗是由于冲沟跌水冲刷，发展到重力作用下花岗岩土体本身的崩塌，加上洪积物搬运沉积的过程。刘瑞华等（2004）在前人大量研究的基础上，总结出了崩岗形成的 3 个基本条件：一是具有深厚的风化壳。风化壳一般石英砂粒含量高，结构松散，孔隙度大，有机质含量甚微，渗透力强，降雨时土壤水分极易达到饱和，抗剪强度迅速减小。因此在地表径流和重力作用下，土体极易崩塌形成崩岗（梁音，2009）。南方地区高温多雨，而且受季节性气候和昼夜温差的影响，使岩体产生热胀冷缩作用。随着风化深度增大，风化结构疏松，难以抵抗暴雨暴流的侵蚀（刘瑞华，2004）。二是丰富的降水为崩岗发育提供了源动力。自然降水是崩岗土壤水分的最主要的来源，降水量的时间分布情况基本决定了土壤水分的变化情况（何其华等，2003；黄志刚等，2009）。南方崩岗易发区处于亚热带季风气候区，该区降水充沛，且多以大雨、暴雨的形式出现。雨量多、强度大、降雨集中，产生了强大的降雨侵蚀动力，有利于促进岩体本身机械崩解（梁音等，2009）。而且相对于降雨强度，雨量对于崩岗的侵蚀量的影响要更大。另外，松散的母质层中地下水运动，会带走许多土壤细颗粒，进而使得母质层变得进一步疏松。三是植被及有机质层次遭到破坏。植被对防止土壤侵蚀和崩岗发育起着重要的作用，几乎任何条件下，都有缓和流水侵蚀和风蚀的作用。侵蚀地貌的发育与植被条件的好坏是密切相关的（刘瑞华，2004）。《南方崩岗防治规划（2008—2020 年）》中，认为第三个条件必须有气温条件，促进岩体本身机械崩解，降低抗蚀力、减少土体内聚力创造了必要的前提。自然因素，主要涵盖土壤、地质、地形、气候、植被等；人为因素，包括乱砍滥伐、开矿采矿、陡坡开荒、过度放牧、劈山建房、开山修路等。自然因素是崩岗发生、发展的潜在条件和外部因素，人类活动也是加剧崩岗发生与发展的重要原因。人类活动对崩岗的发育起到诱发和促进作用，是崩岗形成的重要因素。近现代人类对土地资源的不合理开发、掠夺性开矿、水库选址不当、基建围垦取土不当等都加速了崩岗的发展（冯明汉等，2009）。黄艳霞（2007）认为崩岗的形成有三个条件，一是冲沟从红土层切入网纹层中，产生崩岗发生的地质条件，二是红土层通过湿胀干缩的交替作用，产生垂直劈理，三是地表水下渗，造成土体呈柱状分离状态。

目前，研究崩岗侵蚀机理主要是从影响崩岗发育的因素着手。丘世均（1994）认为影响崩岗发育的因子很多，各因子所起的作用及相互之间的关系也非常复杂。牛德奎（1994）提出崩岗的发生发展是诸如土壤、地质、植被、水文、人类活动等多种因素影响的结果，尤其是土壤、地质因素做起的作用更大。其后有更多学者（江金波，1995；阮伏水，1996，吴志峰等，1999；刘瑞华，2004；梁音，2009）先后总结出岩性、地形地貌、气候、植被、人为活动等因素与崩岗的形成和发展均密切相关的结论。

1）地质因素

在地质构造方面，姚清伊等（1989）通过花岗岩裂隙构造及其对风化与岩体破碎影响的研究，指出了广东德庆崩岗受 NW-SE 和 NE-SE 两组裂隙控制。祝功武（1991）在研究广东五华县崩岗选择性发育成因及防治时，发现崩岗发育的优势方向（NNW、NEE）与本区域最大剪切应力方位基本一致。牛德奎等（2000）发现，华南地区崩岗的发育程度具有从西北向东南逐渐增强的趋势，这种趋势跟从加里东期—海西期—印支期—燕山期的不同花岗岩年代从西北向东南逐渐变新的分布是相一致的。葛宏力等

（2007，2011）在分析福建省崩岗发育的地质地貌条件时发现，福建的长汀、安溪、永春、诏安四个典型崩岗发育区都处于福建省大的断裂带上。崩岗发育地区与多个断裂带有明显的空间关系，底层和岩石与该断裂带相同的武平、上杭、永定、福安等地也有崩岗发生，说明与岩石、地质构造条件密切相关。刘瑞华（2004）根据华南地区崩岗侵蚀灾害及其防治的研究指出，崩岗侵蚀主要发生于燕山期花岗岩地层（主要为粗粒或中粗粒斑状黑云母花岗岩、黑云母花岗岩、中粒黑云母二长花岗岩）。

　　在岩石类型方面，疏松深厚的风化壳是崩岗发生的物质基础和内在原因。尤其是花岗岩分布广泛，在南方温暖湿热的条件下生物化学作用强烈，形成了深厚的风化壳一般可达 10～50m，石英沙粒含量高，结构松散，孔隙度大，渗透力强，降雨时土壤水分极易达到饱和并超过土壤塑限，在地表径流和重力作用下，土体极易崩塌形成崩岗。根据《南方崩岗防治规划（2008—2020 年）》前期调查，大多数的崩岗侵蚀主要发生在花岗岩风化壳之上，风化壳越深厚，其出现的崩岗就越多，风化壳在 25m 以上，崩岗群最多，25～5m 之间次之，5m 以下几乎没有出现崩岗侵蚀。第四纪红色黏土上发育的红壤，土层深厚，可达 10m 以上，也易发生崩岗，而在页岩、紫色砂页岩、砂砾岩发育的丘陵山地偶有分布，其他岩性分布较少。史德明（1984）指出，由于岩性特征，花岗岩区往往是严重的崩岗侵蚀区。此外，以粗砂为胶结物质的砂砾岩、泥质页岩、千枚岩、玄武岩等，也易形成厚层的风化壳，崩岗亦甚多见。相反，抗风化的基岩如石英砂岩、红砂岩、板岩等风化层较薄，崩岗侵蚀较少和无发生；紫色页岩虽易风化，但堆积物不厚，亦难发生崩岗侵蚀。阮伏水（1996）认为花岗岩风化作用强烈，特别是粗晶粒花岗岩，这些地区崩岗侵蚀最为严重；还有研究表明崩岗发生区岩体发达的三维节理构造和存在的大量裂隙（张淑光和钟朝章，1990），使得矿物与水气接触面大大增加，风化介质可以深入到深层，加速岩体风化作用向深部发育，从而形成疏松深厚的风化母质层（赵辉，2006）。匡耀求和孙大中（1998）在对雷州半岛第四纪台地地区崩岗侵蚀地貌进行研究时指出，目前大多数人只注意到花岗岩厚层风化壳发育地区的崩岗，但发育在沿海第四纪台地的崩岗发育程度甚至比花岗岩地区更为严重。钻孔资料显示，该区的湛江组厚达230m 以上，为崩岗发育提供了物质基础。林明添等（1999）在探讨大田县崩岗滑坡现状与对策时，对该县崩岗土体类型做的统计数据显示，花岗岩崩岗占 56%，粉砂岩和灰岩崩岗占 28%，页岩、片麻岩崩岗占 16%。吴志峰和王继增（2000）认为，崩岗多见于花岗岩、砂页岩、古坡积物、火山角砾岩等不同岩性的丘陵、岗台地。黄志尘和颜沧波（2000）通过研究指出该县崩岗发育区域性分布表现为龙门崩岗主要分布在黑云母花岗岩区，且规模大，多出现崩岗群；而火山凝灰岩区崩岗规模小，不出现崩岗群。丁光敏（2001）分析了福建崩岗与岩性的关系，发现全省崩岗中 84.84%都发生在花岗岩风化壳。廖建文（2006）根据广东省 2004～2005 年崩岗侵蚀普查成果的分析指出，崩岗主要发生在海拔 300m 以下花岗岩和红色砂砾岩丘陵地区。赵辉和罗建民（2006）对湖南省崩岗普查结果进行了归纳分析，结果显示，崩岗侵蚀主要分布在风化花岗岩、第四纪红土、砂砾岩、页岩等成土母岩（母质）上，其中风化花岗岩类崩岗面积占崩岗总面积的 58.08%。其次为第四纪红土和砂砾岩类。黄艳霞（2007）通过对广西崩岗侵蚀现状分析后认为，广西岑溪、苍梧、陆川、容县、兴业、北流、桂平、平南、合浦及上思等地崩岗集中分布区与全区花岗岩及泥质页岩分布的区域相一致，具有明显的地带性特征。

2）气候因素

气候要素中，降雨和温度是两个最重要的因子。南方红壤丘陵区处于亚热带季风气候区，雨水充沛，雨量集中，暴雨频繁且强度大。年均降水量在 1290～1657mm，降雨集中在 3～9 月份，占全年雨量的 80% 以上，而且多以大雨、暴雨的形式出现。充沛的降雨和频繁高强度的暴雨为崩岗发育提供了主要外部动力和触发因素。另外，区域多年平均气温在 15～21℃，有利于厚层风化壳的形成，为崩岗发育奠定物质基础（梁音等，2009）。

阮伏水（1991）认为大量的雨水利于风化壳的发育，从而为崩岗发生提供了丰富的物质保证。牛德奎（1990）、江金波（1995）、丁树文等（1995）、吴志峰和钟伟青（1997）等学者还认为，集中的暴雨，尤其是在暴雨期间，容易形成大量急速的径流，大量径流的产生将会产生强烈下切侵蚀，从而导致崩岗现象的大量出现。阮伏水（2003）描述降雨径流对崩岗形成过程为，由于径流是崩岗侵蚀的动力，也是泥沙输移的载体，所以随着雨量的增多，径流量和产沙量也随之显著增加。而且，随着径流的强冲刷，沟谷不断下切，临空面增高，在遇到降雨时，土体就会沿着某一裂隙坍塌，径流冲刷和崩坍过程交错进行促使崩岗不断扩大。Woo 等（1997），Scott 和 Huang（1997）对广东德庆的研究发现，崩岗发生与雨量密切相关；王彦华等（2000）则认为若没有前期降雨在土体中的累积效应，一次降雨的湿润前锋很难达到崩岗所需的临界深度，当前降雨之前坡体中的含水量，决定当前降雨的湿润前锋深度，是影响坡体稳定性的重要因素。牛德奎等（2000）、牛德奎（2009）通过环境背景资料与崩岗分布区的叠加分析指出，华南地区崩岗发生与 1400～1600mm 等雨量线吻合。阮伏水（2003）通过福建省崩岗侵蚀与治理模式的探讨，分析了降雨、径流与泥沙的运行特征，数据显示，随着雨量增多，径流量和产沙量也随之显著增加。赵健（2006）在研究江西省崩岗侵蚀与形成条件时表明，强大的降雨分散并悬移了土壤黏粒，使得径流下切，岩石节理裂隙越来越大，逐渐形成了崩岗。林敬兰（2012）研究认为崩岗分布在年均温 18～24℃以上和 800～1600mm 降雨等值线以上。李双喜等（2013）在分析南方崩岗空间分布特征中认为，气温也是引起岩石物理风化的指标之一，丰富的热量易加快岩石崩解的速度，南方气温高，风化壳发育往往比较厚，所以崩岗在南方地区有广泛的分布。

3）植被因素

植被具有蓄水固土的功能，植被茂盛地区，雨水很难直接击打地表，反之植被破坏导致地表腐殖土被雨水冲刷甚至发育为浅沟，侵蚀至其下的碎屑层便极易形成崩岗等（丁光敏，2001；殷祚云等，1999；阮伏水等，1995）。Woo 等（1997）对广东德庆县研究发现，崩岗侵蚀与植被破坏密切相关；吴志峰和钟伟青（1997）认为阴坡覆盖度好（主要是喜阴的铁芒萁），阳坡覆盖度差（主要是稀疏旱生的鹧鸪草、岗松），而崩岗在不同坡向上选择性发育的直接原因正是植被的差异。一旦植被被破坏，它的控制作用就会相对减弱，导致径流量和冲刷量增大，加剧了水土流失，在重力作用下逐渐形成崩岗侵蚀

（林明添等，1999）。我国崩岗侵蚀地区因人为破坏和长期严重水土流失，植被多已退化成无林地或疏林地甚至裸地或荒草坡，人工马尾松疏林因拦截降雨径流能力较差也可能造成崩岗发生（牛德奎等，2000）。丁光敏（2001）通过叠加对比福建省崩岗面积与崩岗地植被覆盖度，发现植被覆盖率对崩岗的影响很大，崩岗较少发生在针阔叶混交林区，多发生在马尾松疏林区。

4）地形因素

地形地貌是影响崩岗侵蚀的关键因子之一。南方崩岗区山地丘陵面积大，地形起伏较大，对崩岗侵蚀有直接的影响。根据《南方崩岗防治规划（2008—2020 年）》前期调查，长坡、阳坡和山脊等处易出现崩岗，而陡坡、阴坡和山凹出现崩岗较少。崩岗分布较集中于相对高度为 50～150m 的花岗岩的低山丘陵区，坡度在 10°～35°、坡长在 50～150m 的阳坡分布最多。

史德明（1984）、牛德奎（1994）研究表明地形因素对崩岗的发育规模、速度以及形状等方面的影响很明显。吴克刚等（1989）通过崩岗侵蚀的坡向差异初探，对广东德庆马墟河领域 200 多个崩岗朝向做了统计，结果显示，南坡（含东南、西南）朝向的崩岗占 77%；北坡（含西北、东北）朝向的崩岗仅占 4%；其他坡向（东、西）的崩岗占 21%。殷祚云等（1999）指出地形对崩岗侵蚀发育发展的影响主要体现在复杂多样的坡度和坡向上，并且大多数崩岗侵蚀都发育在南坡。由于南坡、东南坡和西南坡受到的太阳辐射强度大且时间长，所接受的热量和风量都大于北坡，致使南坡蒸发量大，土壤干燥疏松，团粒结构差，有机质含量少，植被稀疏，生长差，而且在雨季盛行南风、东南风的情况下，雨滴强击于迎风的南坡上，一旦地表很薄的红土层被蚀穿，下方松散的沙土层和碎屑层极易产生崩塌，这样导致了崩岗侵蚀在南坡和北坡上的差异，所以南坡有利于崩岗的形成发育（吴克刚，1989；江金波，1995；刘瑞华，2004）。陈志彪等（2006）在分析福建崩岗特性及其治理措施时，对根溪河小流域 131 个崩岗坡向进行的统计显示，南坡崩岗数量最多，其次是东南坡、西坡和西南坡，北坡及东坡极少分布。

崩岗分布坡度一般为 10°～35°，由于这有利于水流下切和重力作用形成崩塌，坡度增大其侵蚀量也增大，但在 10°～25° 是最容易产生侵蚀的坡度（吴克刚等，1989；丁光敏，2001）。坡长影响地表的产流状况，在地形坡度、坡向等其他条件相同的情况下，坡长越长，汇流面积越大，地表径流越大，其流速随坡长的增加而增大，导致地表径流的破坏力增大，形成"滚坡水"冲刷切割地表，因而水土流失更加严重，并且崩岗的形成一般在距分水岭最远的陡坡段（周作旺，2000；施悦忠，2008）。史德明（1984）指出崩岗垂直分布的特点是，多见于海拔 150～300m 的低丘陵地带，高于 300m 的海拔则未见崩岗分布。黄志尘和颜沧波（2000）通过安溪县龙门镇崩岗调查及防治对策的研究，指出了该县崩岗发育具有的海拔垂直性，即崩岗主要分布在海拔 80～600m 的丘陵台地。阮伏水（2003）研究表明崩岗多发生海拔在 50～500m 的低山丘陵。其中，海拔在 100～200m 的低山丘陵区，坡度大的坡面比坡度小的坡面比较容易发生崩岗（殷祚云，1999）。葛宏力等（2007）指出崩岗发育受海拔与崩岗地区相对侵蚀基准面高度的共同影响，而且相对高差在 20～100m 以内崩岗最发育。

5）土壤因素

土壤是崩岗侵蚀的基础，是目前被学者最为关注的部分，主要包括土壤类型、土体层次、结构结构、化学组成、岩土特性等对崩岗发育发展的影响。

根据《南方崩岗防治规划（2008—2020 年）》前期调查，红壤、黄壤、紫色土、黄棕壤是崩岗发生的主要土壤带。发育于花岗岩的红壤，土体中含较多的石英砂砾，抗蚀力差；发育于第四纪红色黏土的红壤，具有"板、酸、瘦、黏、蚀"的特点，一旦表层土、网纹层被破坏，母质风化层难以抵抗水力侵蚀，因此在风化花岗岩低山丘陵区、红壤区容易产生崩岗侵蚀。

关于土体层次的划分，曾昭璇等（1980）在中国自然地理（地貌）一书中将花岗岩风化壳划分为红土层、网纹砂土层和碎石层三个层次，并对包括江西、广东、福建、湖南、广西、安徽、河南几省区的风化壳厚度进行了描述。史德明（1984）将花岗岩风化物划分为红土层、砂土层、碎屑层和球状风化层。王彦华等（2000）根据风化程度自下而上划分新鲜花岗岩、风化花岗岩、风化土 B、风化土 A 和表层风化土等五个层次。吴志峰和王继增（2000）认为典型的红土型风化壳可分为 5 个层次：表土层、红土层、砂土层、碎屑层、球状风化层，各层在矿物成分、风化程度、土体结构、粒度、颜色等方面均有明显差异，抗冲、抗蚀、抗滑塌能力不同。曾新雄等（2007）则将花岗岩风化壳划分为硬壳层和正常残积土，残积土中又分可塑残积土和硬塑残积土。吴志峰和王继增（2000）、魏多落等（2008）将崩壁的纵剖面从地表往下可以分为淋溶层、淀积层、母质层三个层次，不同土层土壤特性差异巨大，从而导致其抗冲刷和抗侵蚀能力不同。风化壳当中有抗侵蚀能力极弱的母质层是崩岗发育的内在原因，当被侵蚀的崩岗体发展到了淀积层和母质层，崩岗发育的速度会大大加快。牛德奎（1990）通过对赣南地区丘陵崩岗侵蚀阶段发育的研究也认为松散的底层的土体是最易发生侵蚀的，一旦侵蚀沟切透红土层、砂土层而进入碎屑层，沟蚀反而加剧，由于基底不稳，必然会导致上部覆盖层的倾斜和倒塌，从而形成崩岗。张淑光和钟朝章（1990）、阮伏水（1991）等学者通过研究认为砂土层的抗侵蚀能力极弱，凡是有砂土层的花岗岩分布地区往往土壤侵蚀得相当严重。丁树文等（1995）也认为鄂东南地区崩岗发生的重要层次为砂土层，砂土层的崩塌与节理构造关系密切，砂土层的破坏会导致红土层崩塌的发生。魏多落等（2008）通过对安溪县龙门镇典型崩岗垂直剖面原状土的分析，认为水分对同一崩岗不同层次土体抗剪强度的作用不同，对于红土层，当其含水量达到一定值后抗剪强度剧烈下降，易发生崩塌，而砂土层和碎屑层则不具备黏聚力，仅靠内摩擦角来抵抗外界应力的作用，其中砂土层颗粒由于缺乏胶结且风化程度又高于碎屑层，内摩擦角小于碎屑层，而成为抗剪强度最低的土层。然而，学者们也有另一种观点，就是认为崩岗发育的控制性因素在于红土层，李思平（1991）通过对红土层的理化特性、力学特性、结构特性、崩解特性进行研究，所得结果表明：花岗岩风化土地区崩岗发育的主要内在原因在于红土化过程中，由于盐基的强烈淋失，导致土体结构松散，孔隙、裂隙发育，具有较强的崩解性，使得红土层的抗侵蚀能力较弱，土体的力学性质受水影响显著。史德明（1991）通过对风化壳各层次的土体进行理化分析,认为砂土层和碎屑层不仅疏松而且深厚,为崩岗侵蚀提供了物质基础。在保留红土层的地段,土壤的抗冲能力较强,侵蚀速度较小,向下切割至砂土层或碎屑层时,抗蚀抗冲能力明显下降,下切速度明显加快,导致崩岗剧烈发生。丘世钧(1994)在研究红土坡地崩岗侵蚀过程与机理时,认为崩岗的发生与红土的机械组成特征及与水发生物理化学作用后发生的变化,风化壳内软弱的结构面,大暴雨触发作用以及各种地形要素的影响等 4 种情况有关。赵健(2006)认为表土层和红土层抗冲、抗蚀能力相对于其他土层较强,但胀缩度大易于裂隙的发育,同时,吸水保水能力强,容易增重发生崩塌。

在土体质地方面,吴志峰和王继增(2000)指出,华南花岗岩风化壳的粒度构成多具有粗细混杂的特点,砾、砂(粒)含量较多,而黏粒含量较少,这种粗粒结构使得土体的内聚力减小,抗冲蚀能力下降,在外力作用下很容易失稳崩塌。王彦华等(2000)对各剖面的粒度分析结果表明,砾、砂和粉砂级颗粒占的比例较大,而黏粒级颗粒只占少部分,不同剖面的土质结构有所不同。越接近地表细粒组分的累积值越高。周作旺(2000)通过研究发现,广西北海滨海平原第四纪沉积物土层中,黏土质砂砾及黏土质砂的黏性较弱、疏松、内聚力小,抗蚀力较差。这些地层结构及其组合特征,是造成崩岗形成的内因。葛宏力等(2012)指出崩岗崩壁岩土可分为六大类:黏性土、石英砾砂、粉土类、粉砂、长石砾砂和角砾,且随着深度的增加,风化强度减弱,土体性质呈粗颗粒化特征。

在化学组成方面,吴志峰和王继增(2000)通过对前人关于花岗岩风化特性研究资料的整理分析后指出,花岗岩红色风化壳的风化程度很高,强烈的风化作用为崩岗侵蚀的产生提供了良好的物质基础——深厚的风化壳土层;花岗岩风化土体中黏土矿物主要是高岭石,其次为伊利石和其他矿物。王彦华等(2000)通过对广东花岗岩风化剖面的物性特征的研究,对各风化剖面不同层位样品的矿物组成和含量采用镜下观察和 X 射线衍射相结合的方法进行分析。结果表明,非黏土矿物占风化残积土的绝大部分,而黏土矿物的含量很少。牛德奎(2009)通过崩岗侵蚀的土体内部结构与特性研究发现,各类土体抗剪强度指标在水平维度上存在区域差异,在垂直剖面上则随深度增加逐渐递减,花岗岩各层土体中,普遍存在与花岗岩节理走向一致的脉状软弱面,其黏聚力较周围土体明显减低,土体遇水崩解速度依次是母质层>网纹层>红土层。花岗岩土体游离氧化物和非晶质氧化物处于低含量水平,一定程度表明其胶结物质含量的缺陷性。土体黏聚力与黏粒含量呈良好正相关,与非晶质氧化铝含量呈高度正相关。尚彦军等(2001)通过花岗岩风化程度的化学指标及微观特征对比后指出,随风化作用进行,碱金属、碱土金属组分逐渐淋失,脱硅、富铝铁化作用逐渐加强。

在岩土特性方面,张淑光等(1993)指出,红土层土壤含水量由 16%提高到 30%时,土壤内摩擦角减小 33%;土壤含水量由 16%提高到 27.6%时,土壤内聚力降低 84%;碎屑层土壤含水量由 17.5%提高到 31.4%时,土壤内摩擦角和内聚力分别减小 25.4%和87%。吴志峰等(1999)将花岗岩风化壳作为一种均质土体,利用土力学的原理和推算过程对包括崩岗在内的多种重力侵蚀方式进行了崩落临界高度的估算研究。林敬兰等(2013)研究表明,红土层黏聚力随含水量的增加而出现先增大后减小的变化,临界含水量为 22%；砂土层的黏聚力也随含水量的增大而呈现先增大后减小的趋势；碎屑层的黏聚力随含水量呈波动性变化；3 个土层的内摩擦角随含水量的增加而减小。庄雅婷等（2014）通过崩岗红土层土壤液塑限特性的研究，指出花岗岩崩岗的红土层土壤为高液限黏土，其土壤的有机质和颗粒组成对土壤的液塑限有一定的相关性。

吴克刚等（1989）发现花岗岩的纵节理、横节理、层节理、斜节理等各组节理的相互切割穿透，致使岩体解体，不仅导致沿节理的球状风化，而且使风化壳形成后垂直节理发育，当地势反差增大时，土体极易产生崩岗。钟继洪（1991）认为土壤抗蚀性高低及风化壳厚薄与花岗岩崩岗的发生发展有着直接关系。李思平等（1991，1992）通过野外现场对红土进行的简易浸水试验表明，原状土放入水中呈块状崩解，稍经失水则崩解为砂砾状，失水越大，崩解越快，整个过程中水无浑浊现象，表明其不属于分散性崩解。吴志峰和王继增（2000）对红土层和砂土层土样进行的简易浸水实验表明，在风干状态下二者均迅速崩解，整个过程无明显浑浊现象。而在天然状态下，砂土层无崩解现象，红土层崩解速度也大为降低，说明崩解的主要原因在于土体失水后产生微结构破坏和大量的干裂隙，浸水后水沿裂隙迅速侵入，产生吸附楔裂作用使土体崩解。张信宝（2005）认为崩岗的边坡失稳可能与花岗岩的风化膨胀有关，建议尽快开展花岗岩风化膨胀基础研究和花岗岩风化膨胀对崩岗治理的影响与崩岗小流域治理应用研究。曾新雄和王万华（2007）表明花岗岩残积土具有从硬到软再到硬的软硬互层特性。魏多落等（2008）通过对南方花岗岩区崩岗剖面各层土体崩解状况的测定，发现由于剖面各层土体遇水崩解特性存在差异，导致崩岗不同部位侵蚀状况不一。砂土层和碎屑层的崩解强度要高于红土层，提供可侵蚀的物质也大于红土层，这也证实了野外观察时所看到的现象：一旦砂土层和碎屑层出露地表，崩岗侵蚀的速度和侵蚀量都大大提高。颜波等（2009）通过对土壤的土力学角度进行研究，结果表明：花岗岩风化土遇水易软化、崩解的特性是崩岗产生的内在原因。张晓明等（2012）对崩岗红土研究也表明，土壤黏聚力 C 和内摩擦角 φ 随干湿变化呈非线性衰减趋势。曾朋（2012）将花岗岩残积制成不同含水量、不同压实度的土扰动样，进行崩解试验，研究结果表明：随压实度的增大，孔隙、裂隙、渗透性减小，土体的崩解性也发生相对减弱；含水量越大，崩解速度（完全崩解平均速度）也越大。但是当含水量增加到 34%时，试样崩解速度很小，基本没有崩解性。林敬兰等（2013）研究表明，红土层黏聚力随含水量的增加先增大后减小，临界含水量为 22%；砂土层的黏聚力也随含水量的增大而呈现先增大后减小的趋势；碎屑层的黏聚力随含水量呈波动性变化；三个土层的内摩擦角随含水量的增加而减小。刘辰明（2013）通过研究发现，花岗岩崩岗的发生取决于崩岗上紧下松，上重下轻特殊的土体构型。不同土层的土壤阻力和抗剪强度差异明显，黏重的表层在通常条件下对下层具备保护作用，只有达到崩塌极限时才会发生特殊的水土流失形态——崩岗。并初步提出了崩岗土体崩塌极限平衡公式，根据崩岗区的实测土壤属性，应用公式对风化壳不同层次在三种不同含水量下的土体崩塌极限进行了分析判别，在一定程度上说明了崩岗的发生机理。

6）人为因素

地质、气候、植被等各类自然要素对我国南方地区的崩岗侵蚀产生综合影响，但社会因素尤其是人类不合理的开发建设活动在现代崩岗的发育中扮演着越来越重要的角色。从崩岗的分布和发生的历史来看，崩岗多分布在村庄稠密、人口集中、交通便利的盆（谷）地边缘的低山丘陵中，而在交通闭塞、人烟稀少的边远山区却少见，显然这与人类的不合理活动有关。据调查，历史上红壤区曾出现过多次乱砍滥伐，人为破坏了原有的植被，致使地表大量裸露、径流加剧、切沟加深，使崩岗的数量和面积日益增大。此外，在生产实践中，开发建设、顺坡耕作、采沙取土等生产活动缺乏水土保持措施，加上地面径流的长期冲刷与下切，尤其是下切到砂土层时，极易形成崩岗（陈金华，1999；冯明汉等，2009；殷祚云等，1999；谢建辉，2006；谢小康等，2010）。贾吉庆（1993）通过研究认为不合理的人类活动会加速诱发崩岗现象的出现。吴志峰和钟伟青（1997）通过研究发现，在人类聚集区，交通便利的山地边缘地带往往是崩岗的高发区。阮伏水（2003）研究发现：福建省崩岗侵蚀的外部诱因主要有 3 种，其中植被破坏占 70.4%、滑坡占 29%、基建等 0.6%。葛宏力等（2007）、林敬兰（2012）对福建省崩岗集中区域统计发现，崩岗主要发生在山体海拔相对高差为 20～100m，认为这个相对海拔高差与人类的活动密切相关，并推测随着人类活动的进一步影响，这个相对海拔高差的地区，发生崩岗侵蚀的概率可能加大。梁音等（2009）调查发现绝大多数崩岗沟的发育主要是因为坡地植被遭受破坏，径流直接冲刷裸露的地表，由小沟逐渐演变而来。从崩岗沟发生的历史看，绝大多数是近代和现代发育的，基本上与近百年来的自然植被遭受破坏的历史相吻合。

尽管针对崩岗形成机理开展了较多的研究，但由于崩岗产生的机理非常复杂，目前研究崩岗侵蚀机理还只是从影响崩岗发育的因素着手，且研究的还不充分，研究深度不足。

5. 崩岗治理研究

崩岗的治理始于 20 世纪 40 年代，福建、江西、广东、广西等省（自治区）开展工作起步较早。福建省崩岗防治始于 1940 年，省研究院在长汀县河田镇设立的"福建省研究院土壤保肥试验区"就进行了研究和治理。60 年代中期，中国科学院与福建省联合组建山地利用与水土保持综合考察队在对惠安、安溪等地考察后，提出了上拦、下堵的治理措施。80 年代中期，永春县水土保持试验站采用麻竹治理崩岗取得成功。1989 年在安溪县官桥镇 18hm² 崩岗侵蚀区进行定点水土流失与治理试验研究，1994 年该课题正式被福建省科委列为福建省"八五"重点攻关课题立项。江西省在 1983 年开展的全国水土流失八大片重点治理工程，并在花岗岩分布较多的赣南地区开展了崩岗治理试点工作，2001～2003 年，江西省在赣江上游、抚江中上游建立了 5 个崩岗治理示范点，总结崩岗治理经验。广东省的崩岗整治研究工作在新中国成立前即开始，从 20 世纪 50 年代开始，在高要、德庆、五华、罗定等县（市）崩岗侵蚀区相继成立水土保持试验站，开展了水土流失规律、崩岗防治技术等方面的研究。80 年代，五华、德庆等地的崩岗治理经验受到了全国水土保持部门的肯定及推广。1985 年，广东省人大通过了"整治韩江、北江上游、东江中上游水土流失的议案"，在整治水土流失的同时，崩岗侵蚀也得到了重视。广西早在 50 年代中期就在崩岗侵蚀严重的苍梧、岑溪、藤县、容县等县成立了水土保持试验站，相继开展了水土流失规律、崩岗防治技术等方面的研究，并结合小流域水土保持综合治理工程对小流域内的部分崩岗也进行了治理。此外，由长江水利委员会承担的《南方花岗岩剧烈侵蚀区小流域综合治理技术》研究项目涉及崩岗区治理技术，通过实践研究探索出 "上截、下堵、中间削、内外绿化" 为主的治理崩岗经验，并纳入到根据《水土保持综合治理技术规范崩岗治理技术》（GB/T 16453.6—2008）中，即崩岗的治理主要分为三个部位：①崩岗上游治理，保护恢复地面植被和拦蓄分散地表径流等措施，防止坡面径流进入崩口；②崩壁治理，对崩壁采取的措施主要为先削坡修阶以稳定边坡，再植树种草，巩固崩壁；③崩岗底部，设置谷坊群，拦蓄泥沙。在《南方红壤丘陵区水土流失综合治理技术标准》（SL 657—2014）中建议，崩岗防治采取预防保护和综合治理并重的方针，一方面要采取预防保护措施，防止崩岗的发生。对可能产生崩岗的地段，应采取封禁措施，严禁挖草根、铲草皮，并对天然水路网布设截水沟、排水沟和蓄水池等措施进行预防和保护。另一方面要对已形成的崩岗进行综合治理，工程措施和植物措施并举。

一直以来，相关研究者也提出了诸多崩岗的治理对策和建议。邹文发（1988）认为花岗岩区土壤侵蚀发生发展过程的因果顺序模式：社会经济因素干扰、植被破坏、土壤加速侵蚀、生态环境恶化。所以防治崩岗侵蚀首先应采取正确的社会经济措施以减少人为干扰对生态环境的压力，之后再具体落实各项治理和改良措施。郑邦兴和张胜龙（1990）在过去的治理措施效果不明显的前提下根据多年实践经验提出以植物生长速度战胜流失速度的治理设想。丘世钧（1990）从系统论原理出发论述了稳定沟壁、减少崩积堆输出和筑谷坊坝拦截对崩岗治理的意义。曾昭璇（1992）认为治理崩岗以稳定崩口崩塌和保护崩积坡砂土为主。贾吉庆（1994）根据崩岗所处的发展阶段提出了宜发型崩岗、活动型崩岗和稳定型崩岗的不同防治措施。许金成等（1997）在对安溪崩岗长期治理的过程中，总结了三种开发利用治理模式：以耕作措施为主的治理模式、以植物为主的治理模式、以工程为主的治理模式，都取得了一定成效。殷祚云等（1999）对于崩岗的治理，提出主要根据崩岗的形态、类型和特点，因地制宜，因害设防，采取工程和生物措施互补的详细的综合治理方案。瓢形崩岗腹大口小，应在出口处修建谷坊，拦沙缓洪，在崩岗顶部及岸坡开截流沟，阻止坡面径流进入崩岗，同时抓紧对崩岗周围上下进行植物围封。如崩壁陡峭，处于活动期，危害很严重，要进行削坡开级，形成 "上拦""下堵""中间削" 的格局。对于条形崩岗治理，崩壁一般不需削坡开级。"下堵" 的谷坊不仅在崩口修建，还要针对崩岗呈长形的特点，沿沟床从上到下多级修建，节节拦沙，并逐级植草种树。弧形崩岗地处河溪沿岸，纵坡短，很少出现峭壁，而且水温条件好，治理时主要是在沿岸修建永久性护岸固脚工程，防止水流对坡脚掏蚀。对较大型崩岗亦应配合谷坊工程治理。从崩岗本身考虑，应尽量排除坡面径流。工程措施完成后，要及时种草种树、封山育林，把工程措施和生物措施密切结合起来。林明添等（1999）探讨大田县崩岗滑坡现状与防治对策时建议，在崩岗易发地区划定为预防保持区，禁止乱砍滥伐；兴建工程项目要详细勘察、科学论证，并合理施工。崩岗顶部实行排洪工程；中部分段修建水平梯田台地；底部建拦土沙坝，控制下泻。对大型活跃滑坡区采取抗滑桩加固工程。对周围是水田、旱地的崩岗滑坡区，应退水田为旱地或造林，防治水对滑坡体产生危害。黄志尘和颜沧波（2000）提出崩岗治理以工程措施和植物措施为主。在工程措施中注重沟头防治工程、沟谷防护工程的布设。沟谷工程以土谷坊和拦沙坝为主要形式。在植物措施中，应根据崩岗所处的环境条件及不同的崩岗部位，科学选择植物种类。在有工程措施配套的，可种植效益较高的经济作物或中药材植物，建立多层次的乔灌草植被。丁光敏（2001）在分析崩岗治理对策时指出，应该把崩岗看作一个系统来进行综合治理，综合治理模式包括集水坡地的治理（坡面治理、排水沟）、崩积体的固定、崩岗沟底（通道）的治理和崩岗冲积扇的治理。阮伏水（2003）在全面分析福建省崩岗侵蚀各种影响因子的基础上，提出崩岗既要治理崩岗又要利用崩岗的综合治理理念，即变崩岗侵蚀区为水土保持生态区——安溪长垄模式；变崩岗侵蚀区为经济作物区——永春狮峰模式和诏安官陂模式；变崩岗侵蚀区为多种经营区——长汀水东坊模式。鲁胜力（2005）提出了更为具体的分段治理崩岗的方法，下游修建拦沙坝以防止泥沙下泄危害农田、河道；中段修建挡土墙、拦沙坝和谷坊群以提高局部侵蚀基点；崩壁修建成水平阶，植树种草以稳定陡壁；顶部布设水平沟、排洪沟、防止水流进沟以控制沟头溯源侵蚀。岳辉等（2005）研究提出在福建长汀的严重崩岗侵蚀区，在沟头 5m 的坡面处沿着等高线种植香根草以及在崩沟内种植香根草、石竹、胡枝子等生物措施进行治理，也取得了很明显的效果。赵辉和罗建民（2006）在分析崩岗形成的原因的基础上，根据崩岗的不同分区提出了综合防治崩岗的思路和应采取的措施体系。王学强和蔡强国（2007）提出将崩岗作为系统来治理，治理过程中应提高集水坡面-沟壁子系统、沟壁-崩积体子系统、崩积体-冲积扇子系统的负反馈机制，减小其正反馈机制。曾国华等（2008）提出通过分散、疏导、拦阻集水坡面径流，削弱崩岗沟头势能，控制集水坡面的跌水动力，同时控制冲积扇物质再迁移和崩岗底的下切，减少崩积体的再侵蚀过程，稳定崩壁和崩积堆，达到稳定整个崩岗的目的，主要体现"水不进沟，土不出沟"的治理策略。陈志明（2007）、李旭义（2009）根据崩岗侵蚀的特点与发展过程，提出崩岗的治理总体思路为：①控制集水坡面跌水的动力条件；②减少崩积堆的再侵蚀过程；③把崩岗治理与经济利用相结合。治理的总体措施布局为：一是要在崩岗沟头的集水坡面设置截（排）水沟，分散地表径流；二是部分崩壁可以采取适当的削坡处理，制止或减缓崩岗沟壁的崩塌；三是在沟内造林植草，控制崩积物质再迁移和崩岗沟底的下切，减少崩积堆的再侵蚀过程，从而达到稳定整个崩岗系统；四是结合经济效益，引导开发利用。李双喜（2009）认为所有治理措施中，恢复和建立植被是最根本、最有效的措施。肖胜生等（2014）在崩岗侵蚀防治中，依据开发利用与生态治理相结合、治沟与治坡相结合、工程措施与植物措施相结合、当前治理与后期管护相结合的基本原则，总结提炼了 5 种崩岗治理模式：大封禁+小治理崩岗生态恢复模式，治坡、降坡和稳坡"三位一体"崩岗生态恢复模式，反坡台地+经果林种植崩岗开发利用模式，规模整理为建设用地崩岗开发利用模式和先期有效拦挡+后续综合开发利用模式。

由于崩岗的形成和发育，比传统坡面侵蚀复杂得多，侵蚀强度剧烈，面对已经发生并且规模不断扩大的崩岗，传统水土保持防治措施显得相对低效甚至无奈（刘瑞华，2004；牛德奎，2009）。尽管史德明（1984）提出了崩岗治理的原则性模式"上截一下堵一中绿化"这一原则性的思路至今依然合理，但真正要在内容上丰富内涵并有效可行却是一个需要长时间的艰难的尝试。相关研究者和相关部门均为此倾注了极大的关注，探索出一些治理方法和模式，但突破性的成果往往不多。为此，遵循"三效益"相结合的原则，走可持续发展的路子，与当地群众的脱贫致富结合起来，急需研究开发一些产业化的治理模式，不仅适合开发利用，大范围推广，也适合对不同层次、不同阶段的崩岗进行治理。

1.2.2　风险评估研究进展

人类生产、生活的方方面面都存在风险，可以说风险涉及各个领域。随着人类文明的进步、生产水平的提高和科学技术的发展，因风险处置不当导致的人员伤亡、财产损失愈加凸显。20 世纪中叶，风险管理（risk management）作为一门系统的管理科学在美国首次被提出，并逐渐形成了全球性的风险管理活动，这是社会生产力和科学技术发展到一定阶段的必然产物（佟瑞鹏，2015）。目前，风险管理不再专属金融领域，已经扩展到能源、交通、医疗、卫生、航空航天、工程建设、房地产、防灾减灾等领域，而且与风险管理相关的理论和实践工作还在不断发展。我国的风险管理自 20 世纪 80 年代才开始发展起步，90 年代得到稳步发展，现今关于风险管理的研究和应用已经深入到社会经济生活的各个方面，紧跟国际发展水平，呈现出蓬勃发展的趋势（佟瑞鹏，2015）。

偶有将水土流失灾害包含在自然灾害领域开展风险管理探索（佟瑞鹏，2015），一直未见专门对水土保持风险管理的案例。尽管如此，风险管理理念在生产实践中早有体现，以法规为例，美国、澳大利亚、新西兰及中国有《水土保持法》，日本有《砂防法》，俄罗斯有《土壤侵蚀紧急保护法》，均将"预防""治理""监测和监督"作为重点。《中华人民共和国水土保持法》（2010 年 12 月 25 日修订）中尽管没有出现"风险管理"四字，但风险管理的内涵贯穿始终，该法第一章第一条明确"预防和治理水土流失"是制定该法的主要目的之一，第二条界定"水土保持"即为水土流失预防和治理所采取的措施，第三条将"预防为主"作为水土保持工作的首要方针，第四条中划分水土流失重点预防区和重点治理区体现了风险决策。第五条至第九条分别从行政管理、宣传教育等方面的规定也正是风险管理的重要组成部分。第三、四、五章共 31 条对"预防""治理""监测和监督"分别进行了具体规定。"预防"，顾名思义，即为预先防备，防患未然，目的是规避风险。"治理"，意为处置管理，目的是减轻风险。"监测和监督"是在风险识别的基础上，对风险动态变化的监视测量以及督促，目的也是规避风险。所有这些均隐含了浓重的风险管理理念。

在水土保持风险管理理论研究方面，主要体现在有部分学者将风险评估理论应用于水土保持领域。在国外如 Vrieling 等（2002）在评估哥伦比亚东部平原上侵蚀风险时，在专家打分基础上确定地质、土壤、地貌、气候 4 个因子权重，最后通过加权平均得出各点位的潜在侵蚀风险。Angima（2003）、Lu 等（2004）借助 GIS 和 RS 技术基于 RUSLE 分别评价了肯尼亚中部高原、巴西亚马孙地区的土壤侵蚀风险。Cohen 等（2005）利用 USLE 中 5 个因子在流域中的平均值将每个因子的原始值转化为相对危险度值，根据综合评分值将土壤侵蚀危险程度分为了 3 个等级并绘制出侵蚀危险度分布图。在国内，万军等（2003）提出一种通过求取石漠化扩展速度，从而得到土壤抗蚀年限，对土壤侵蚀进行风险评估的方法。胡宝清等（2005）引入地质灾害风险计算模式，认为喀斯特石漠化地区的土壤侵蚀灾害风险可通过建立四级风险评估指标体系，在利用层次分析法确定其权重的方法予以计算。也有学者采用水利部土壤侵蚀潜在危险度的分级方法，分别对土地利用方式、植被覆盖度和地形坡度等要素进行分级，进而计算研究区域的土壤侵蚀强度分级，以该分级结果来估计土壤侵蚀风险（闵婕等，2005；周为峰和吴炳芳，2006；崔金鑫等，2010；蔡德所等，2012；张雪才等，2012）。潘树林和阮玲（2012）使用人口环境容量失衡度、年降水量、植被覆盖度等 8 个指标对金沙江宜宾段进行计算土壤侵蚀风险。李晓松等（2011）借鉴 USLE 的因子选择及综合方法，在遥感和 GIS 的支撑下对海河流域的水土流失风险进行评估。张志国等（2007）界定了区域水土流失生态风险评估的概念，提出评价的方法与步骤，构建了区域水土流失生态风险评估模型框架，并以延河流域为例进行应用。王文娟等（2014）基于地形图数据提取了与沟蚀形成相关的 11 个地形因子构建 Logistic 模型，据此对研究区沟蚀发生风险进行评价。陈洋（2010）采用敏感性分析方法对崩岗侵蚀划分风险等级，通过改变输入变量以表征输出变量重要程度，将不同因子类叠加求交，以不同影响因子区间的变化反映崩岗侵蚀敏感区等级，定性得到崩岗侵蚀风险评估结果。

总体而言，水土保持领域风险管理理论与实践还非常缺乏，应用于崩岗侵蚀更是鲜见。当前我国高度重视水土保持信息化、现代化管理，风险管理作为一门新兴科学，为实现水土保持信息化、现代化管理提供了一种新的理论和方法。同时，也为崩岗侵蚀防治提供了全新理念。

1.3 研究目标与任务

1.3.1 研 究 目 标

本项目拟通过野外现场考察与定位观测相结合，实验研究与理论分析相结合，开展崩岗侵蚀风险评估及分类防控关键技术研究，旨在弄清崩岗侵蚀发育的区域背景因素，阐明崩岗侵蚀发育演变过程，揭示崩岗侵蚀的关键驱动因素，构建崩岗侵蚀风险评估指标体系，提出基于风险评估的崩岗侵蚀防治分类体系，研究提出不同风险类型崩岗侵蚀综合防控模式，为南方崩岗侵蚀防治提供科学依据。

1.3.2 研 究 任 务

1. 崩岗侵蚀发育的区域环境背景研究

对崩岗侵蚀区进行广泛调研，收集崩岗侵蚀发育的地质构造、地貌条件、气象水文、植被等区域环境背景资料，并实地开展崩岗侵蚀典型调查，进一步了解崩岗侵蚀特点，研究崩岗侵蚀发育的区域环境背景，寻找崩岗侵蚀发育的区域分布规律，确定崩岗侵蚀发生的环境背景条件。

2. 崩岗侵蚀发育演变过程及关键驱动因素识别

选取若干典型不同发育阶段的崩岗（群），开展定位观测，通过三维激光扫描法等高新技术手段定量观测崩岗侵蚀形态及动态监控崩岗侵蚀发育演变过程，结合环境背景要素与崩岗侵蚀物质基础分析结果，确定崩岗侵蚀发育演变过程的关键驱动因素。

3. 崩岗侵蚀风险评估指标筛选及体系构建

引用风险评估理论与方法，根据崩岗侵蚀的特点、分布规律、危害威胁特征及影响因子，如崩岗侵蚀发育演变关键驱动因素、区域经济社会发展水平等，采用风险因素分析法、专家系统法等方法筛选崩岗侵蚀风险评估指标，如母质、地形、气象、植物、以及人类活动等，从而建立崩岗侵蚀风险评估指标体系，同时研究确定崩岗侵蚀风险评估方法。

4. 基于风险评估的崩岗侵蚀防治分类体系

依据构建的崩岗侵蚀风险评估指标体系，收集崩岗侵蚀区风险评估指标基础资料及各专题图件，采用确定的风险评估方法，对崩岗侵蚀进行风险评估，划分风险等级，绘制崩岗侵蚀风险图，并研究崩岗侵蚀风险特征。结合区域经济社会发展水平、防治现状及需求，对崩岗侵蚀重新分类，研究提出基于风险评估的南方崩岗侵蚀防治分类体系及分布图，为逐步实施崩岗侵蚀治理优选项目区提供科学依据。

5. 不同风险类型崩岗侵蚀综合防控模式

根据不同风险类型崩岗侵蚀特点及关键驱动因素，研究提出不同风险类型崩岗侵蚀防控关键技术，结合区域经济社会发展现状及防治目标，探索因地制宜、因时制宜的不同风险类型崩岗侵蚀综合防控模式。

1.4 研究技术路线

本研究采取野外调研与定点观测相结合，理论分析与试验研究相结合，以及点面相结合的总体研究思路，并重视将继承与创新、研发与集成有机结合，具体按如下技术路线开展有关研究（图1-1）：

（1）广泛调研：对崩岗侵蚀区进行广泛调研，收集崩岗侵蚀发育的地质构造、地貌条件、气象水文、植被等区域环境背景资料，现场开展崩岗典型调查，一方面进一步了解崩岗侵蚀特点，另一方面选定典型崩岗（群），用于开展定点试验与示范。

（2）定点试验：选取不同发育阶段的典型崩岗（群），一方面通过三维激光扫描法等高新技术手段观测崩岗侵蚀形态及动态监控崩岗侵蚀发育演变过程，结合物质基础分析，确定崩岗侵蚀发育演变过程的关键驱动因素。另一方面开展不同风险类型崩岗侵蚀防控关键技术试验。

（3）风险评估：依据风险评估理论与方法，根据崩岗侵蚀的特点、分布规律、危害威胁特征及影响因子，采用风险因素分析、专家系统等方法筛选崩岗侵蚀风险评估指标，建立崩岗侵蚀风险评估指标体系，确定崩岗侵蚀风险评估方法，划分崩岗侵蚀风险等级，绘制崩岗侵蚀风险图，获取崩岗侵蚀风险特征，提出基于风险评估的崩岗侵蚀防治分类体系和分布图。

（4）防控示范：结合崩岗侵蚀防控关键技术试验与基于风险评估的崩岗侵蚀防治分类体系的成果，对选取的典型崩岗区开展不同风险类型崩岗侵蚀综合防控模式研究。

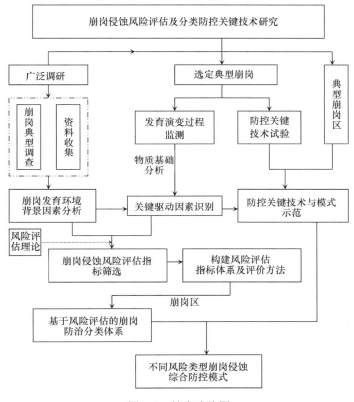

图 1-1 技术路线图

第 2 章 崩岗侵蚀现状及危害

2.1 崩岗侵蚀典型调研

项目组分别于 2015 年 5 月 17～21 日、7 月 14～17 日、2016 年 5 月 10～12 日、9 月 5～6 日赴福建省长汀县、广东省五华县、江西省宁都县和赣县、湖北省通城县，开展崩岗典型调研，主要调研内容包括崩岗发育地形地貌特征、区域地质条件、崩岗发育规模与主要特点、崩岗治理主要技术与示范等。

2.1.1 长 汀 县

长汀县位于福建西南部闽赣交界区域，是我国南方花岗岩地区水土流失最为严重的地区，属国家级水土保持重点治理区。2011 年第一次全国水利普查结果显示，全县水土流失的面积达 58216hm²，占县域总面积 19%。长汀县地貌主要由以花岗岩构成的山地丘陵构成，坡度大，崩岗发育侵蚀特别严重。据调查，长汀县崩岗侵蚀面积 214.08hm²，崩岗 1207 个，崩岗侵蚀密度 0.389 个/km²。其崩岗侵蚀面积与崩岗密度在全省排第四，崩岗个数仅次于安溪县。崩岗侵蚀又主要分布在河田，濯田和三洲等乡镇，仅河田镇，宽、深在 2 m 以上的崩岗沟就多达 1131 条，崩岗已成为该区农民脱贫致富的障碍因素之一。

近年来，长汀县坚持植物与土建、治沟与治坡、治理与开发相结合的原则，采用"降坡、治坡、稳坡"等方法，持续开展崩岗综合治理，取得了良好的生态效益和经济效益。通过治理，控制了项目区水土流失，提升了蓄水保土能力，促进了生态环境的良性循环，而且提高了土地生产力和持续增产能力，新建了一批油茶、杨梅、毛竹等经济林果种植基地，增加了农民收入。如图 2-1～图 2-3 所示。

2012 年以来，长汀县共治理崩岗 1439 个，其中采用机械推平方式，将崩岗改造为工业园区、新农村建设区、治理崩岗 995 个；按照"上截、下堵、中绿化"的思路，采用截水沟、谷坊、削坡和坡面绿化、封禁治理等强化措施，综合治理崩岗 316 个；通过封禁，促进植保自然修复，治理危害较小的崩岗 128 个。

2.1.2 五 华 县

五华县位于广东省粤东北部，地处韩江上游，境内主要河流有琴江河和五华河，是广东省荒山面积最大、水土流失最严重的一个县。据 1999 年全国第三次水土流失遥感调查，全县有水土流失面积 541.60km²，占全县山地面积的 22%，是广东省水土流失最严重的县。其中，崩岗面积 190.02km²，境内有大小崩岗 19719 处，其中深度和宽度 10m 以下的 8376 处。严重的水土流失，造成水旱灾害频繁，生态、生产环境不断恶化，给农业生产和人们生活带来极大威害。

　　经长期实践，总结出崩岗治理经验是，林草措施上分三个层次：崩顶沟头防护林，结合工程措施离崩壁 5m 处开挖水平沟拦排崩顶洪水径流入崩口，高密度开穴种植灌草；崩壁陡坡防护林，用铁钻开小洞，穴植营养杯灌草；沟谷沟坡防护林，种植植物篱笆带。工程措施上，根据具体情况选择上拦下堵、上拦下堵中间削或上拦下堵中间保等模式。如图 2-4～图 2-6 所示。

图 2-1　长汀县崩岗治理现场

图 2-2　长汀县崩岗边坡防护

图 2-3　长汀县崩岗现场采样

图 2-4　五华县崩岗现场

图 2-5　五华县崩岗地貌

图 2-6　五华县崩岗治理措施

2.1.3　宁　都　县

宁都县位于江西省东南部、赣州市北部，为赣江源头重要县份。全县面积 4053km²，为全省第三、赣州市第一，素有"七山一水半分田，半分道路和庄园"之称，是一个典型的丘陵山区县，也是革命老区县和国家扶贫开发重点县。宁都县是我国南方水土流失最严重的县份之一，据 1981 年农业区划调查统计，全县水土流失面积达 1224.4 km²，占国土面积的 30.2%，被中外专家称为"江南红色沙漠"，曾有"宁都要迁都"说法。据第一次全国水利普查，全县有水土流失面积 899.63 km²，占国土面积的 22.2%，水土流失面积居赣州市第一。此外，还是崩岗侵蚀严重地区，全县有崩岗 814 处，侵蚀面积 184hm²。严重的水土流失极大地制约了全县经济社会的发展。宁都县积极探索崩岗侵蚀区治理新技术。在砍柴岗小流域，采用小穴密垦点播胡枝子技术，获得成功，并进行了大面积推广，治理效果初步显现。实践表明，在红砂岩侵蚀劣地上种植胡枝子，技术简单，表现适应性强，生长迅速、耐干旱瘠薄、根系发达、生物量高、固氮等特点，同其他常见灌木相比，具有显著的生长优势。种植胡枝子对侵蚀劣地、蓄水改土效果明显，能恢复土壤肥力和水土资源。如图 2-7～图 2-9 所示。

图 2-7　宁都县崩岗现场

图 2-8　宁都县崩岗现场采样

图 2-9　宁都县崩岗治理措施

2.1.4　赣　　县

赣县地处江西省南部,赣江上游。土地总面积 2993km²,是一个典型的人多地少的山区农业县。由于地形地貌、降雨特征等自然因素和人为不合理的开发致使水土流失严重,赣县是南方崩岗发生最广的县市之一,全县 24 个乡镇(管理区)中有 17 个乡镇(管理区)有崩岗发生,涉及 67 个行政村,占 21.3%,发生崩岗 4138 个(处),面积 661.36hm²,在我国江南堪称罕见,严重地影响着当地工农业生产和人民生命财产安全。其特点表现为集中连片,崩岗成群,崩岗密度大、沟谷深,地面支离破碎,沟谷面占坡面面积的 30%～70%,崩岗悬臂可达 50m,每坏崩塌泥土一般几百至上千立方米,危害巨大。近年来,赣县创新推广沟坡兼治的“竹节沟+水保林草”生态治理模式、“山顶戴帽,山腰种果,山窝挖塘,平地建栏”的“猪—沼—果—鱼”立体开发模式和“上截下堵、中间开发三个结合”的生态型崩岗治理模式,通过强度削坡、土地整理把荒废的崩岗侵蚀劣地变成农业用地,对较大的崩岗采取上截、下堵等工程措施后,在崩谷内整修出高标准的反坡台地,栽种经果林,昔日百害而无一利的崩岗侵蚀劣地变成了绿色“聚宝盆”。如图 2-10～图 2-12 所示。

图 2-10　赣县崩岗地貌

图 2-11　赣县崩岗现场采样

图 2-12　赣县崩岗治理措施

2.1.5　通　城　县

　　通城县位于湖北省东南端，长江一级支流陆水的上游，隶属咸宁市。其在幕阜山北麓，与湘鄂赣毗邻，是一个三省交界的边缘山区，属幕阜山花岗岩区。境内地貌以丘陵低山为主，有平畈、低丘、高丘、低山、中山、高山 6 种类型。全县土地总面积 1140.70 km²，现有水土流失面积 333.04 km²，占土地总面积的 29.2%。其中，轻度流失 185.56 km²，中度流失 131.78 km²，强度流失 10.46 km²，极强度流失 4.10 km²，剧烈流失 1.14 km²，土壤侵蚀模数为 977.66t/ km²·a。

　　崩岗是通城县水土流失的主要表现形态，集中发生在海拔 100～200 m 的低缓丘陵岗地上，以五里、大坪、马港、隽水、北港等乡镇分布为主。据统计，全县境内共有崩岗 1132 处，侵蚀总面积达 166.4 km²，年均水土流失超过 120 万 t，占通城侵蚀总量的 58.4%。如图 2-13 和图 2-14 所示。

图 2-13　通城县崩岗光谱测试

图 2-14　通城县崩岗地貌

2.2　崩岗侵蚀现状

2.2.1　崩岗侵蚀分类

《南方崩岗防治规划（2008—2020 年）》中，崩岗按其坡面外表形态可以将崩岗划分为 5 种类型。如图 2-15 所示。

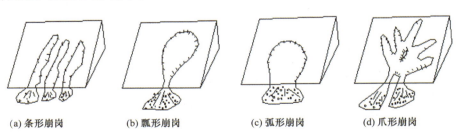

(a) 条形崩岗　　　(b) 瓢形崩岗　　　(c) 弧形崩岗　　　(d) 爪形崩岗

图 2-15　崩岗形态示意图

（1）条形崩岗：形似蚕，长大于宽 3 倍左右，多分布在直形坡上，由一条大切沟不断加深发育而成。

（2）瓢形崩岗：在坡面上形成口小腹大的葫芦瓢形崩岗沟。

（3）弧形崩岗：崩岗边沿线形似弓，弧度小于 180°。

（4）爪形崩岗：爪状崩岗又可分为 2 种，一种为沟头分叉成多条崩岗沟，多分布在坡度较为平缓的坡地上，由几条切沟交错发育而成，沟头出现向下分支，主沟不明显，出口却保留各自沟床；另一种为出口沟床向上分叉崩岗沟，由 2 条以上崩岗沟自原有河床向上坡溯源崩塌，但多条崩岗出口部分相连，形成倒分叉崩岗沟型地形。

（5）混合型崩岗：由 2 种不同类型崩岗复合而成，多处于崩岗发育中晚期。由于山坡被多个崩岗切割，呈沟壑纵横状，不同方向发育的崩岗之间多已相互连通，中间只有残留的土梁或土柱，地形破碎。

根据崩岗所处发育活动情况，又可将崩岗划分为活动型与相对稳定型 2 种类型（图 2-16 和图 2-17）。

(a) 江西兴国　　　　　　　　　　　　(b) 江西兴国

(c) 江西宁都　　　　　　　　　　　　(d) 江西宁都

(e) 福建长汀　　　　　　　　　　　　(f) 福建长汀

图 2-16　活动型崩岗

(a) 江西宁都

(b) 江西兴国

图 2-17　相对稳定型崩岗

2.2.2　崩岗侵蚀分布

崩岗侵蚀集中分布于我国长江以南的江西、广东、湖南、福建、广西等省（自治区），湖北、安徽等省也有少量分布（图 2-18）。根据 2005 年七省（自治区）所开展的崩岗普查成果，南方红壤丘陵区大于 $60m^2$ 的崩岗共有崩岗 23.91 万个，崩岗总面积 $1220.05km^2$，崩岗防治总面积 $2436.36km^2$（崩岗防治总面积由集雨区面积、崩岗区面积和冲击扇区面积构成）。

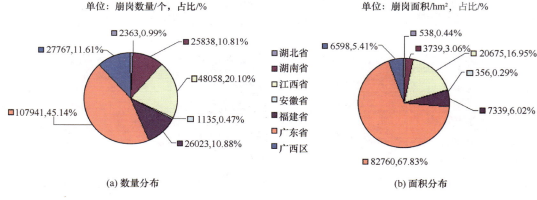

单位：崩岗数量/个，占比/%

- 2363,0.99%
- 25838,10.81%
- 27767,11.61%
- 48058,20.10%
- 107941,45.14%
- 1135,0.47%
- 26023,10.88%

图例：
- 湖北省
- 湖南省
- 江西省
- 安徽省
- 福建省
- 广东省
- 广西区

(a) 数量分布

单位：崩岗面积/hm²，占比/%

- 538,0.44%
- 6598,5.41%
- 3739,3.06%
- 20675,16.95%
- 356,0.29%
- 7339,6.02%
- 82760,67.83%

(b) 面积分布

图 2-18　崩岗侵蚀分布图

从崩岗侵蚀的地域分布情况看：湖北省 0.24 万个，面积 538hm²；湖南省 2.58 万个，面积 3739hm²；江西省 4.81 万个，20675hm²；安徽省 0.11 万个，356hm²；广东省 10.79 万个，82760hm²；广西壮族自治区 2.78 万个，6598hm²；福建省 2.60 万个，7339hm²。崩岗数量最多的是广东省占崩岗总数的 45.14%，其次为江西省占 20.10%。崩岗面积最大是广东省占崩岗总面积的 67.83%，其次为江西省占 16.95%。七省（自治区）崩岗的数量、面积与防治面积见表 2-1。

从崩岗的类型看，该区共有活动型崩岗 210195 个、占总量的 87.90%，活动型崩岗面积 112734hm²、占总面积的 92.40%；相对稳定型崩岗 28930 个、占总量的 12.10%，相对稳定型崩岗面积 9271hm^2、占总面积的 7.60%。崩岗类型以活动型崩岗为主，表明该区崩岗整体是处于活动发育期。各省（自治区）崩岗的类型分布情况详见表 2-2。

表 2-1　各省（自治区）崩岗分布情况表

省份	崩岗数量/个	占总数量比/%	崩岗面积/hm^2	占总面积比/%	防治面积/hm^2	占总防治面积比/%
湖北	2363	0.99	538	0.44	1705	0.70
湖南	25838	10.81	3739	3.06	21674	8.90
江西	48058	20.10	20675	16.95	42001	17.24
安徽	1135	0.47	356	0.29	2008	0.82
福建	26023	10.88	7339	6.02	50210	20.61
广东	107941	45.14	82760	67.83	111846	45.91
广西	27767	11.61	6598	5.41	14192	5.82
合计	239125	100	122005	100	243636	100

表 2-2　各省（自治区）不同崩岗类型分布情况表

省份	崩岗数量/个	崩岗面积/hm^2	崩岗类型					
			活动型			相对稳定型		
			数量/个	占总数比例/%	面积/hm^2	数量/个	占总数比例/%	面积/hm^2
湖北	2363	538	2015	85.27	500	348	14.73	38
湖南	25838	3739	22171	85.81	3220	3667	14.19	519
江西	48058	20675	40423	84.11	17322	7635	15.89	3353
安徽	1135	356	842	74.19	284	293	25.81	72
福建	26023	7339	20773	79.83	6404	5250	20.17	935
广东	107941	82760	99889	92.54	79781	8052	7.46	2979
广西	27767	6598	24080	86.72	5223	3685	13.28	1375
合计	239125	122005	210195	87.90	112734	28930	12.10	9271

从崩岗的规模看，共有大型崩岗 108387 个，中型崩岗 60098 个，小型崩岗 70640 个；大型、中型、小型崩岗的比例为：45.33%、25.13%、29.54%。大型崩岗面积 107624hm^2，中型面积 11321hm^2；小型面积 3060hm^2；大型、中型、小型崩岗面积的比例为：88.21%、9.28%、2.51%。各省（自治区）不同规模的崩岗分布情况见表 2-3。

表 2-3　各省（自治区）不同规模崩岗分布表

省份	崩岗总数/个	崩岗总面积/hm^2	大型		中型		小型	
			数量/个	面积/hm^2	数量/个	面积/hm^2	数量/个	面积/hm^2
湖北	2363	538	119	395	482	73	1762	70
湖南	25838	3739	2657	2412	3965	662	19216	665
江西	48058	20675	17575	16672	16225	3294	14258	709
安徽	1135	356	357	277	353	61	425	18
福建	26023	7339	6239	5330	8988	1518	10796	491
广东	107941	82760	76369	77714	23650	4605	7922	441
广西	27767	6598	5071	4824	6435	1108	16261	666
合计	239125	122005	108387	107624	60098	11321	70640	3060

从崩岗的形态看，五种不同形态的崩岗在该区内的各省（自治区）均有分布。该区共有弧形崩岗49067个，瓢形崩岗51930个，条形崩岗61609个，爪形崩岗19813个，混合型崩岗56706个。从面积上看，弧形崩岗面积15342hm²，瓢形崩岗面积27978hm²，条形崩岗面积20195hm²，爪形崩岗面积13201hm²，混合型崩岗面积45288hm²。各省（自治区）不同形态崩岗的数量与面积见表2-4。

表2-4 各省（自治区）不同形态崩岗分布情况表

项目名称		湖北	湖南	江西	安徽	福建	广东	广西	合计
弧形	数量/个	431	6990	12866	306	6217	14662	7595	49067
	面积/hm²	46	1500	4338	65	1148	6753	1492	15342
瓢形	数量/个	385	4683	14058	193	5254	23816	3541	51930
	面积/hm²	325	541	5399	92	1147	19780	694	27978
条形	数量/个	673	8730	10784	447	6996	24015	9964	61609
	面积/hm²	50	840	3406	124	2298	11868	1610	20195
爪形	数量/个	174	1153	3095	43	1978	11636	1734	19813
	面积/hm²	20	15	1623	8	528	10394	613	13201
混合形	数量/个	700	4282	7255	146	5578	33812	4933	56706
	面积/hm²	97	843	5909	67	2218	33965	2189	45288
合计	数量/个	2363	25838	48058	1135	26023	107941	27767	239125
	面积/hm²	538	3739	20675	356	7339	82760	6598	122005

2.3 崩岗侵蚀特点

2.3.1 流失强度剧烈

崩岗侵蚀总面积仅为1220.05km²，而崩岗侵蚀的年土壤侵蚀量达6000万t，崩岗侵蚀的平均土壤侵蚀模数达5万t/(km²·a)，为南方红壤丘陵区土壤侵蚀模数的50倍多。若根据土壤侵蚀分级标准来判定，绝大多数的崩岗侵蚀已达到剧烈侵蚀。据福建省1991年1月至1994年12月对安溪县官桥镇长垄崩岗沟的实地观测结果，观测期内5条崩岗沟中崩岗沟的土壤侵蚀模数最大的达27.00万t/(km²·a)，最小的为13.41万t/(km²·a)，平均也达10.36万t/(km²·a)。而从2005年开展的崩岗普查及崩岗典型调查结果看，广东德庆地区单个崩岗的年土壤侵蚀模数为2.1～37.5万t/(km²·a)，而江西省的大型崩岗土壤侵蚀模数约13万t/(km²·a)，中型崩岗侵蚀模数在9万t/(km²·a)左右，而小型崩岗侵蚀模数超过了2万t/(km²·a)。由此可见崩岗的侵蚀强度和土壤流失量远远大于面蚀和沟蚀等常见的水土流失形式，是南方红壤丘陵区的主要泥沙来源，同时崩岗侵蚀也成为南方花岗岩丘陵区最主要的山地灾害。

2.3.2 直接影响范围大，危害严重

崩岗侵蚀的发生与发展会对崩岗的集雨区和下游地区直接产生影响，其直接影响范

围远较一般的面蚀、沟蚀等其他土壤侵蚀形式要大。崩岗侵蚀的危害可概括为"光了山，冲了土，塞了河，压了田，穷了人"，结果就是"山光、水恶、地瘦、人穷"（图 2-19 和图 2-20）。

图 2-19　崩岗烂山地貌

图 2-20　崩岗侵蚀下泄的泥沙

据不完全统计，新中国成立以来，该区因崩岗侵蚀造成的灾害损失巨大因崩岗侵蚀已造成沙压农田达 38.04 万 hm^2、损毁房屋 55.43 万间、损坏道路 3.68 万 km、桥梁 1.09 万座、水库 9035 座、塘堰 7.30 万座，直接经济损失达 216.45 亿元，年均直接经济损失达 3.8 亿元，受灾人口达 1159.07 万人。

第3章 崩岗侵蚀发育的区域环境背景

崩岗侵蚀的形成和发展与地质、土壤、气候、地貌、植被、人类活动等因子有着密切关系。

3.1 地 质 条 件

从地质学的角度看，崩岗侵蚀作用与其他地质作用一样，主要受岩性和地质构造与地质发展历史过程的影响，尤以岩性特征影响最大。从地质构造与地质发展历史过程看，崩岗侵蚀区主要属南华构造区和闽浙沿海构造区以及扬子构造区的江南亚区。南华构造区中受加里东运动造成的地层不整合表象明显，因此，加里东期花岗岩的地质证据比较充分。其他有海西期、印支期和燕山各期的花岗岩，其中燕山期花岗岩的出露范围最广。闽浙沿海构造区受海西运动和燕山运动影响强烈，燕山期花岗岩类广泛分布，以中、晚期为主。南部多是大基岩，北部则多为星罗棋布的小岩体。

从岩性看，南方红壤区的崩岗侵蚀主要发育在花岗岩和碎屑岩区，其中花岗岩类以燕山期居多，其他依次为印支期、海西期和加里东期。碎屑岩为中生代沉积岩，主要包括砂砾岩、砂页岩、泥质页岩等。第四纪红色黏土发育的红壤，因土层深厚，也易发生崩岗侵蚀，页岩、紫色砂页岩发育的丘陵山地偶有崩岗分布，而其他岩类则鲜有分布。

以长汀县为例，长汀县的崩岗多发生在花岗岩母质上，砂岩次之（表 3-1）。这是因为砂岩拥有深厚的砂土层，抗侵蚀性极弱，而花岗岩风化壳疏松深厚，为侵蚀的临空面形成提供了物质基础。

表 3-1 长汀县不同母岩类型崩岗侵蚀分布

母岩类型	花岗岩	砂岩	其他
崩岗数量/个	2582	881	120

3.2 地形地貌因素

崩岗侵蚀大多发生在海拔 200~500m 之间的丘陵地区，海拔低于 200m 的岗丘台地也有少量分布，而海拔在高于 500m 的山地却很少，一旦海拔超过 1000m，崩岗侵蚀发生可能性极小。其原因主要是花岗岩的风化程度受地形部位与海拔影响，风化壳最厚处大多出现在 300~400m 的丘陵。地形的相对高差也为崩岗侵蚀的重力作用提供了便利条件，且 200~500m 的丘陵还是闽西中高丘陵区人为活动最频繁的区域，对植被破坏尤为严重，因而成为崩岗侵蚀频发区域（表 3-2）。

表 3-2 长汀县不同高程崩岗侵蚀分布

海拔/m	0～500	500～1000	>1000
崩岗数量/个	3484	99	0

此外，坡长、坡度、坡向等对崩岗侵蚀的形成和发育也有一定的影响。坡度的大小与切沟数量、植被覆盖度等密切相关，对崩岗侵蚀产生的影响也很明显。崩岗侵蚀主要发生在中坡与陡坡，急陡坡发生极少，主要由于急陡坡上，人类活动相对较小，风化壳也较薄，都不利于崩岗侵蚀的发育（表 3-3）。

表 3-3 长汀县不同坡度崩岗侵蚀分布

坡度/（°）	0～10	10～20	>20
崩岗数量/个	2435	954	194

坡度对面蚀也能产生较大影响。调查表明，在 10°～25°最容易产生面蚀和沟蚀，且在一定区域内，侵蚀量往往随着坡度的增大而增大。坡长与径流流速大小成正比关系，坡长越长，径流对土体凝聚力的破坏作用就越大。坡向的不同，主要影响接收太阳辐射量与雨量不同，导致土体的风化作用与土体含水量不同，从而影响崩岗侵蚀发育。一般情况是长坡、阳坡、迎风坡与山脊等处容易出现崩岗侵蚀，而陡坡、阴坡、背风坡与山凹较少出现崩岗侵蚀。这是由于阳坡接受的太阳总辐射量较多，迎风坡接受降雨较多，这样的水热条件影响了土体的风化作用，是崩岗侵蚀较集中地分布于 10°～35°的阳坡和迎风坡的主要原因。

3.3 气候因素

气候对崩岗侵蚀的形成和发育及其分布的影响较大。不同的热量带，花岗岩的物理、化学风化作用的程度也不相同。南方红壤丘陵区地处中亚热带季风气候区，具有四季分明，雨热同季，光、热、水资源丰富的特点，且时空分布不均。这种亚热带的暖湿气候，有利于厚层风化壳的形成，为崩岗侵蚀发育奠定物质基础。南方红壤丘陵区年平均气温 18.7～21.0℃，多年平均降水量为 1369mm，最大年为 2552mm，最小年为 1031mm，丰富的热量使花岗岩母质产生强烈风化过程，有利于岩体自身的机械崩解，为崩岗侵蚀发育提供了条件。充沛的降雨和频繁、高强度的暴雨易产生较强的降雨侵蚀力，冲刷土壤表层，破坏土壤结构。大规模的崩岗侵蚀过程常常与高强度的降雨密切相关，这是由于大量的雨水冲刷使土壤稳定性进一步减弱，同时抑制了植被生长。

从降雨对崩岗侵蚀分布的影响来看，崩岗侵蚀主要分布在年平均降水量 1300～2000mm 区域内，占总的 95%以上。不同降水量区域范围内崩岗侵蚀分布数量有明显差异，其中在年均降水量 1600～1700mm 的区域崩岗分布数量最多，达到 6.72 万个。占总量的 28.10%。

温度是引起岩石物理风化的重要条件。南方丰富的热量使花岗岩、砂岩等母质产生强烈的风化过程，促进岩石的崩解。不同的热量带，花岗岩的物理、化学风化作用的程度也不相同。花岗岩的风化物从北向南逐渐增厚,为崩岗侵蚀发育提供了条件。从气温的对崩岗侵蚀分布影响来看,崩岗侵蚀主要分布在年平均气温15~22℃区域内,占总量的99%以上,并且集中分布在19.5~21.5℃区域内,占总量的69%。

3.4　土　壤　因　素

崩岗侵蚀90%以上集中发育在红壤类土壤地带,只有少量崩岗发生在黄壤等其他土壤带。尤其是由花岗岩发育而形成的红壤和赤红壤,其土壤结构具有含砂粒多、颗粒粗大、结构松散、抗冲性差、黏性差和持水性差等特征。土体中所含的石英砂砾越多,其抗蚀力越差。遇大雨、暴雨时,深厚的风化壳足以为引发重力侵蚀的临空面的形成提供了有利条件。花岗岩风化壳形成的土体越深厚,可能形成的临空面越高,重力崩塌越快,形成的崩岗规模也越大。

3.5　植　被　因　素

植被对崩岗侵蚀的形成和发育具有抑制作用。崩岗侵蚀大多由面蚀、沟蚀发育而成,植被的破坏是引起面蚀和沟蚀的主要影响因素。植被覆盖、林草植被的结构与质量等对崩岗侵蚀的影响较大。根据调查,崩岗侵蚀多发生在植被覆盖率<10%的马尾松纯林疏林地或裸地上,植被覆盖率超过10%的崩岗数量较少。这是由于长期严重的土壤侵蚀和人为破坏,崩岗侵蚀发生区的原生地带性植被已不复存在,植被大多退化,主要植被也主要以耐旱、耐瘠薄的马尾松纯林或少量的亚热带灌草丛为主,主要包括野古草、白茅以及铁芒萁。

3.6　人　为　因　素

崩岗集中分布在海拔500m以下,坡度在10°~35°的低山丘陵岗地是人为活动最为频繁的区域。人们从事开垦、采伐等各种生产生活行为,对植被的破坏十分严重。大量砍伐林木,破坏植被是触发崩岗侵蚀的关键因素,不合理的土地利用,加速了崩岗侵蚀的发育,人口的过度增长,加剧了崩岗侵蚀。

3.7　小　　　结

崩岗侵蚀的形成受许多自然、人为因素的影响,一般来说,其形成与发育须具备以下四个基本条件:一是具有深厚松散的风化层;二是雨量大,暴雨多;三是要有特殊的地形条件;四是地面植物保护层受到破坏。在花岗岩风化壳发育地区,植被破坏后,面蚀加剧,多次暴雨径流导致土层流失,于是片流形成的凹地迅速演变为冲沟,冲沟下切到一定深度便形成陡壁,之后,冲沟陡壁上的土体吸水饱和,内摩擦角随之减小,抗剪强度降低,在重力作用下发生崩塌,崩塌源推进便形成了崩岗侵蚀地貌。

第4章　崩岗侵蚀发育演变过程及关键驱动因素识别

4.1　研究区概况

广东省崩岗面积为 982.84km²，占全省水土流失总面积的 36.4%，主要分布于韩江流域、鉴江流域、东江上游、西江中下游、北江下游及沿海丘陵台地（图 4-1），其中最具有代表性的韩江流域占 284km²，为广东省最严重的土壤侵蚀区之一（钟继洪，1992）。

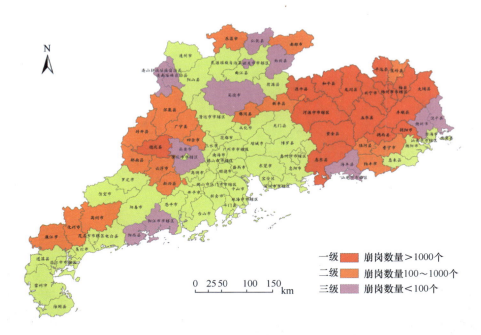

图 4-1　广东省崩岗侵蚀数量分布图

五华县地处广东省东北部、韩江上游梅州市辖区，地理位置为 23°55′~24°12′N，115°18′~116°02′E，地理位置如图 4-2 所示。全县总面积 3238.9km²，人口总数 132.19 万，农业人口占 86.2%。受地层复杂、新构造运动活跃、风化壳深厚，加之降雨时空分布不均以及不合理的人类活动等因素的影响，全县水土流失严重，是广东省土壤侵蚀分级中"极强"和"剧烈"等级的集中分布区，也是广东省水土流失最严重的地区之一，水土流失面积为 877.39km²，占山地总面积的 36%，共有崩岗 22117 个，其中大型崩岗 18810 个，占崩岗总数的 85%，活动型崩岗 21849 个，占崩岗总数的 98.8%，个别崩岗深宽可达 70~80m，是全国崩岗侵蚀最为严重的地区之一。（张金泉，1989；尚志海和丘世钧，2004；江金波，1995）。从全县范围来看，在五华县北部侵蚀最为严重，主要为华城镇辖区，全镇崩岗侵蚀面积占全县崩岗侵蚀总面积的 19.68%，共有崩岗 3892 个，其中深宽 10m 以上占 53.65%，崩岗侵蚀量大（张金泉和徐颂军，1989）。典型的崩岗景观如图 4-3 所示。

图 4-2　研究区地理位置

(a) 遍布山头的崩岗形成烂山地貌

(b) 崩口植物生长茂密

(c) 崩岗几近崩穿，上缘已近分水岭　　　　　　(d) 崩岗藏于密林中，下游泥沙"漫游"

(e) 崩岗与农田相邻　　　　　　　　　　(f) 谷坊几近淤满

图 4-3　研究区典型崩岗景观

4.2　崩岗侵蚀发育演变过程

4.2.1　崩岗侵蚀微地貌的空间分异

1. 研究方法

采用三维激光扫描法对典型崩岗进行定位监测，监测期为 2015 年 6 月至 2017 年 9 月，共扫描监测 6 次，获得 6 期监测数据。前期（2015 年 5 月至 2016 年 10 月）监测采用 Leica 三维激光扫描仪（HDS3000），获得 3 期监测数据，该扫描仪扫描有效测量距离 1～100m，扫描速度＞4000 点/s，50m 距离点位测量精度±6mm，视场角 360°×270°，扫描区域主要为崩岗沟口最低点至崩岗上缘之间的崩岗体。由于监测仪器的更新换代，后期（2016 年 10 月至 2017 年 9 月）采用 Trimble 扫描仪（Trimble TX8），获得 3 期监测数据，该扫描仪扫描最大测程 120m，扫描速度 10 万点/s，扫描精度为 2 mm，视场角 360°，扫描区域包括崩岗体和冲积扇。崩岗扫描时根据崩岗地貌情况及三维激光扫描要求，不同崩岗设 2～6 个站点扫描测量，并设 3 个公共靶标，每一站点都扫描，作为不同站点扫描获取点云数据拼接的控制点，扫描完成后将多站点扫描点云数据进行拼接。

此外，在崩岗不同高度和不同方位另设 3 个或 4 个多边形标志物，用于不同监测期点云数据的配准。每期扫描点云数据最终统一采用 Trimble 扫描仪自带软件进行配准。数据处理分别采用 Trimble 扫描仪自带软件和 ArcGIS10.1 软件两种方法。利用 Trimble 扫描仪自带软件的体积计算功能和表面分析功能，采用相邻两期数据对比分析的方法，以前一期数据为基准，后一期数据为比较，分别计算监测期间相邻两期数据几何体的体积差和地表高程的变化，相邻两期数据的体积差即为该时段崩岗侵蚀量，相邻两期数据地表高程的变化即为该时段崩岗地表侵蚀下降或堆积上升的变化，计算中的正值表示后一期地表高程小于前一期地表高程，泥沙发生流失，表征崩岗该区域地表侵蚀下降；负值表示后一期地表高程大于前一期地表高程，泥沙发生堆积，表征崩岗该区域侵蚀地表上升，据此分析崩岗侵蚀地表的地形变化。结合该软件的切割功能，将崩岗按 2m 间隔切割成不同高度空间层，同样采用相邻两期数据对比分析的方法，可得到不同高度空间层的侵蚀量和侵蚀地表高程的变化。利用 ArcGIS 软件的三维空间分析功能，将 Trimble 软件输出的点云数据转换成栅格数据，提取崩岗地表坡度信息，以 10° 为间隔重分类后得到坡度的分级；提取崩岗监测初始数据不同坡度的范围，以此为边界分别裁剪各期监测数据，利用相邻两期数据不同坡度的体积差，分析崩岗侵蚀随地表坡度的变化。崩岗扫描监测在 2015～2017 年每年两次，大致安排在 4 月和 5 月、9 月和 10 月，两次扫描时间间隔大致为半年，具体监测时间见表 4-1。数据分析时以相邻两次监测的时间间隔为一个时段，根据研究区全年雨、旱季的变化，雨季期间的监测时段可以代表雨季，旱季期间的监测时段可以代表旱季。因此，整个监测期数据分析主要以 2015～2017 年的 3 个雨季和 2015～2016 年的 2 个旱季共 5 个时段为主，按顺序从 1 至 5 编号为 5 个时段，依次表示 201506～201510、201510～201605、201605～201610、201610～201704、201704～201709。2015 年 6 月至 2017 年 9 月全监测期表示为 201506～201709。

表 4-1　监测崩岗定点监测时间

崩岗部位	扫描时间（年月日）					
	第 1 次	第 2 次	第 3 次	第 4 次	第 5 次	第 6 次
崩岗	20150504	20151021	20160607	20161021	20170407	20170923

2. 监测点布设

在广东省五华县选取 4 个代表性崩岗开展三维激光扫描定位监测研究。定位监测崩岗均位于五华县华城镇，按第 1 次扫描时的先后顺序编号为 1 号、2 号、3 号和 4 号，其中 1～3 号崩岗位于华城镇东部梅坑塘（当地土名），4 号崩岗位于华城镇西北部新一村（土名新寨里），地理位置见图 4-4 示意。根据现场调查，监测崩岗地理位置在 24°04′4.2～24°4.2′23.9N、115°35′16.2～115°38′30.7E 之间，所在山体海拔为 100～250m。监测崩岗最低点海拔为 151～178m，崩岗相对高程为 14～42m，均位于山坡的中上部，其中 1 号、2 号和 4 号崩岗方位为北偏东，3 号崩岗北偏西，均位于南向坡面。

图 4-4　监测崩岗地理位置示意图

监测崩岗除 3 号崩岗外，其余均已经过初步治理，修筑了拦沙坝和溢洪道，其中 1 号崩岗除下游修筑了拦沙坝外，在崩岗上方和西侧边缘修筑了截水沟。历史上植被的顶极群落是亚热带常绿季雨林，至今原始森林已演变为亚热带稀树草坡，常见植被以马尾松-桃金娘-芒萁群落为主，监测崩岗所在山系植被均为该种群落类型，后期人工种植的木荷、香附等大多尚未成林，崩岗内部几乎无植被覆盖，仅在崩岗下部至沟口两侧散布为数不多的小株型马尾松或芒萁。地带性土壤类型为赤红壤，成土母质多为花岗岩、砂页岩和砾岩等。

监测崩岗大多位于崩岗群中，本研究选择其中侵蚀活动较明显的区域进行扫描监测。1 号崩岗所在山坡面从东至西分布多个崩岗，其中位于西侧的崩岗侵蚀活动最为明显，在勘察选点时发现崩岗地表有较大范围的新土覆盖面，沟口下游冲积扇泥沙沉积；2 号崩岗位于崩岗群的东侧，在该崩岗群中侵蚀面积最大，大范围的崩积体坡面细沟侵蚀明显，下游冲积扇泥沙沉积；3 号崩岗西邻 2 号崩岗，但与 2 号崩岗不属同一坡面系统，不在同一侵蚀基准面上，两个崩岗相连处为山脊线，之间相隔最窄处不到 2m，在其东侧未见崩岗发育，为孤立的较小型崩岗，而且未经过治理，崩岗下游为山谷，崩岗沟口至山谷之间有长约 15m 的通道；4 号崩岗位于一大型爪状崩岗的东侧，该崩岗与相邻的崩岗在发育过程中上部逐渐连为一体，但下部保留相对独立的沟口，沟口以下至拦沙坝之间冲积扇已完全被崩岗上游冲刷下来的泥沙冲积淤满，经过多年不断地水流侵蚀，其冲积扇沿西侧坡脚已侵蚀下切形成一条深达 1 米以上、沟宽 1～2m 的沟道。1～4 号监测崩岗扫描面积按序号顺序分别为 182 m²、927 m²、179 m² 和 684m²。监测崩岗的主要地理特征参数列于表 4-2，地貌景观如图 4-5 所示。

表 4-2　监测崩岗的基本特征

崩岗编号	地理位置	海拔*/m	相对高度/m	崩岗宽度**/m	扫描面积/m²
1	24°04′10.1N，115°38′30.7E	160	14	13	182
2	24°04′22.1N，115°38′26.8E	175	42	49	927
3	24°04′23.9N，115°38′27.8E	178	16	10	179
4	24°07′4.2N，115°35′16.2E	151	32	26	684

*崩岗沟口最低点海拔，**崩岗最大宽度。

(a) 1号崩岗　　　　　　　　　　　　　　　　(b) 2号崩岗

(c) 3号崩岗　　　　　　　　　　　　　　　　(d) 4号崩岗

图 4-5　监测崩岗地貌景观

3. 崩岗侵蚀地貌特征与侵蚀强度

1）崩岗侵蚀地貌特征

　　崩岗侵蚀地貌的划分在学术上存在不同的观点，曾昭璇（1992）认为，崩岗地形包括集水盆、冲沟和扇形地 3 部分，集水盆是侵蚀发源区，冲沟是侵蚀物质搬运区，扇形地是侵蚀堆积区。吴志峰等（1999）根据崩岗现状调查认为，许多崩岗并不完全具备上述 3 个部分，将崩岗地貌划分为崩壁、崩积堆和冲积扇 3 部分较为合理。本章采用这一观点，表述监测崩岗的侵蚀地貌。本章所选监测崩岗基本上包括崩壁、崩积堆和冲积扇 3 个部分（3 号崩岗除外）。以下分述 4 个监测崩岗的侵蚀地貌特征，不同崩岗扫描形成的三维地形图如图 4-6 所示。

　　1 号崩岗高 14m，深达 10 m 以上，宽约 13m。从拦沙坝至崩岗内部，前半段为冲积扇，西侧崩壁及崩积堆地表多为泥结状，未见新鲜的泥土，后半段形如瓢状，肚大口

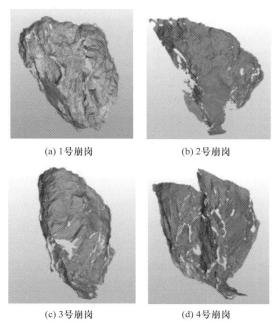

(a) 1号崩岗　　　　　　　　　　(b) 2号崩岗

(c) 3号崩岗　　　　　　　　　　(d) 4号崩岗

图 4-6　监测崩岗三维地形图

小。该崩岗发育历史较长，上部较宽，外缘呈弧形，下部宽 3m，至沟口宽度仅为 0.65m。崩岗上缘距分水岭 5m，且上缘及西侧外缘 2m 外修建了截水沟，因此，崩岗上方集水区面积很小。崩岗上部崩壁高陡，几乎呈直立状，下部形成 3 个不同方位的崩积堆，坡面发生重力崩塌面和水力侵蚀沟。不同崩积堆之间形成宽、深 1m 以上的沟壑，沟壑明显发生重力坍塌和水力侵蚀的下切和扩张，尤其在中部崩积堆的下半部，可见明显的向内坍塌面，西侧崩积堆被侵蚀沟深切后在上方形成悬空土体。东侧和中部崩积堆坡长各约 6m，坡面受水流下切和沟壁两侧重力侵蚀的共同作用，形成宽约 1m 以上的深沟。在崩岗下游有早年崩岗治理中修筑的拦沙坝，两侧为泄洪沟，崩岗口至拦沙坝之间长约 21m，形成较大面积的冲积扇，是崩岗内部向外输出泥沙的沉积区。崩岗内部几乎无植被覆盖，仅在边缘零星分布小株型马尾松和小范围的芒箕。总的来说，1 号崩岗侵蚀地貌完整，内部地形复杂。

2 号崩岗高 42m，深度不到 10m，宽约 48 m。侵蚀地貌地形较简单，基本上为 30°～50°的长坡面和顶部小范围的崩壁。在崩岗顶部，崩壁约数米，崩壁以下为崩积堆，坡长约 42m，坡面从中部向两侧倾斜，崩岗边缘地形较低，成为水流的通道。该崩岗在经历漫长的发育过程中，沟头溯源侵蚀和沟岸两侧扩展呈环状后退，形成外缘呈弧形、内部很宽的崩岗，属典型的弧形崩岗。崩岗方位从山坡面西北方位向正北偏移，西北侧边缘几近分水岭（距分水岭 2.7m），东北侧与 3 号崩岗紧邻，两侧上方集水区域较小，正北上方有较大面积的集水坡面，上方来水沿地形从正北方向汇入崩岗后冲刷坡面，导致坡面以水力侵蚀为主，坡面细沟密布，仅在靠近崩岗边缘的局部区域发生小规模的崩壁崩塌。坡面两侧及底部零星生长马尾松和杂草。崩岗与拦沙坝之间为冲积扇，坡面径流输送的泥沙在冲积扇大量沉积，在监测期间，冲积扇地表可见明显增高。

3 号崩岗高 16m，深约 13m，但宽度不大，宽约 11m，规模远比其他监测崩岗小，崩岗上部宽于沟口，近似条形崩岗。从现场调查判断，该崩岗发育时间较其他监测崩岗晚，方位与坡向为西北向、东南坡，未经过人工治理，下游无拦沙坝。崩岗上缘距分水岭 43m，上方坡面有较大范围的集水区域。崩岗西半侧主要为崩壁，仅在下部形成小型崩积堆，坡长 2.3m；东半侧上半部为崩壁，下半部为崩积堆，坡长 9.6m。崩壁崩塌明显，崩积堆坡面受水力二次侵蚀产生细沟，中部东、西两侧崩积堆之间为侵蚀沟，宽、深近 1m，沟口以外有较长的通道，径流泥沙输移直通下坡面。通道两侧及下坡面有植被覆盖，植物以芒箕为主。

4 号崩岗高 32m，深大于 10m，宽 26m。该崩岗发育年代较早，早期发育时原为 2 个相邻而独立的崩岗，在后期发育过程中，2 个崩岗沟头在不断溯源侵蚀后退过程中连为一体，两者之间的山梁上部受到侵蚀崩塌，而下部侵蚀活动较弱，使沟口仍然保留各自独立的出口，在沟床向下形成 2 个分支，形如爪状。由于该崩岗侵蚀活跃的区域主要位于东侧崩岗，监测扫描区域确定在东侧崩岗。4 号崩岗顶部边缘距分水岭约 18m，上方有一定面积的集水坡面。崩岗下游早期修建了拦沙坝，在长期的侵蚀过程中，沟口至拦沙坝之间的冲积扇已被崩岗上部冲刷下来的泥沙淤满，后期的侵蚀作用在沟口发生强烈的水力下切，在冲积扇沿西侧坡脚形成一条 1~2m 宽的下切沟道，成为向外输送泥沙的通道。4 号崩岗外形上宽下窄，呈漏斗状，上部崩壁高陡，地表起伏不平，土体崩塌滑落明显；崩壁以下崩积堆因受长期的水力侵蚀下切，在中部形成长 2m、高 1m、宽 0.5m 的土墙，土墙两侧为 1 米多深的沟道，沟道在土墙的后端即沟口合二为一，形成一条主沟道，成为崩岗侵蚀泥沙向外输送的通道。

2）崩岗侵蚀强度

根据 1~4 号崩岗在 2015 年 6 月至 2017 年 9 月三维激光扫描监测结果，分析评价崩岗的侵蚀强度。三维激光扫描仪对崩岗地表任意点的三维信息记录为点云格式的数据，每次扫描数据都记录了崩岗地表的三维信息，采用 Trimble 软件的表面分析及体积计算功能，以前一次扫描数据为基准，对后一次扫描数据进行对比分析计算，相邻两期数据的空间几何体积差即为崩岗在该时段的侵蚀量，表征崩岗在该时段向外输出的土壤侵蚀量。对崩岗监测期内每年两次的 6 期数据，按 5 个时段分别进行计算，2015 年 6~10 月、2015 年 10 月至 2016 年 5 月、2016 年 5~10 月、2016 年 10 月至 2017 年 4 月、2017 年 4~9 月按 1、2、3、4、5 顺序编号，依次表示为对应的监测时段 201506~201510、201510~201605、201605~201610、201610~201704、201704~201709，2015 年 6 月至 2017 年 9 月整个监测期表示为 201506~201709。计算结果见表 4-3。从表 4-3 可见，在整个监测时段（201506~201709）内，不同崩岗累计侵蚀量的大小顺序为 2 号>4 号>1 号>3 号，侵蚀量的大小与崩岗面积相关，崩岗面积越大，侵蚀量越大，其中 1 号与 3 号、2 号与 4 号崩岗面积相差不大，侵蚀量差异较小，1、3 号与 2、4 号崩岗面积差异较大，侵蚀量差异较大，平均后者比前者大 8 倍。

崩岗侵蚀量有明显的季节变化。在整个监测期分别有 3 个雨季监测时段和 2 个旱季监测时段，崩岗在雨季时段的平均侵蚀量均大于旱季时段的平均侵蚀量，不同崩岗雨季

表 4-3 崩岗侵蚀量在不同时期的变化   （单位：m³）

崩岗编号	整个监测期 201506～201709	第 1 年度 201506～201605	第 2 年度 201605～201704	雨季平均 2015～2017 年 3 个雨季	旱季平均 2015～2016 年 2 个旱季
1 号	65.7	9.8	53.2	21.0	1.3
2 号	661.0	356.5	248.9	210.6	14.7
3 号	49.7	3.44	38.8	14.9	2.4
4 号	386.1	121.6	218.2	101.5	40.8

注：1～4 号崩岗面积分别为 182 m²、927 m²、176 m²、684 m²。

平均侵蚀量按编号顺序分别是旱季的 16.7 倍、14.4 倍、6.1 倍和 2.5 倍，因此，崩岗侵蚀量与雨量有关。但从 3 个雨季监测时段和 2 个旱季监测时段的侵蚀量来看，崩岗侵蚀量随季节的变化规律亦有例外，4 号崩岗在第 2 监测时段（旱季）的侵蚀量是第 5 时段（雨季）的 1.5 倍，旱季侵蚀量明显大于雨季，这表明崩岗侵蚀不仅受到降雨的影响，还受到其他因素的影响。以 1 个雨季和 1 个旱季代表 1 个年度，比较不同年度的崩岗侵蚀量，结果表明，除 2 号崩岗外，第 2 年度的侵蚀量比第 1 年度的大，其中 1 号、3 号、4 号崩岗第 2 年度侵蚀量分别是第 1 年度的 5.4 倍、11.3 倍、1.8 倍，2 号崩岗则反之，第 2 年度侵蚀量仅为第 1 年度的 0.7 倍，可见，崩岗年度侵蚀量的变化，不同崩岗有不同的变化特征。不同崩岗的年度侵蚀量和季节侵蚀量的变化基本上与侵蚀面积相关，但旱季的侵蚀量例外，4 号崩岗面积比 2 号小，但其旱季平均侵蚀量远比 2 号崩岗大，前者是后者的 2.8 倍；1 号和 3 号崩岗亦类似，面积小的 3 号崩岗旱季平均侵蚀量是 1 号崩岗的 1.9 倍。

崩岗侵蚀量在不同监测时段的变化差异很大，如图 4-7 所示。从图 4-7 可见，除 2 号崩岗外，不同崩岗在不同监测时段的侵蚀量有类似的变化趋势，以第 3 时段的侵蚀量最大，该时段 1 号、3 号、4 号崩岗侵蚀量分别占整个监测期累计侵蚀量的 78.3%、70.4%、52.9%，其余监测时段的侵蚀量相互之间差异较小，且远比第 3 时段的小，其平均侵蚀量仅为第 3 时段的 6.9%～22.3%；2 号崩岗最大侵蚀量出现在第 1 时段，该时段侵蚀量占整个监测期累计侵蚀量的 53.3%，其余时段侵蚀量的变化趋势与其他崩岗的类似，第 3 时段侵蚀量占整个监测期累计侵蚀量 33.8%，其余时段的侵蚀量较小。

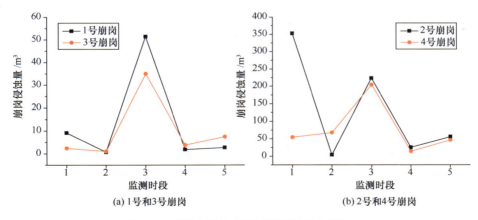

图 4-7 崩岗侵蚀量在不同监测时段的变化

崩岗侵蚀量与面积之间的变化关系在不同监测时段并未完全体现，在第 1 监测时段（201506～201510），1 号与 3 号崩岗、2 号与 4 号崩岗面积差异不大，但其侵蚀量却差异较大，1 号崩岗侵蚀量是 3 号崩岗的 3.8 倍，2 号崩岗侵蚀量是 4 号崩岗的 6.5 倍；在第 2 监测时段（201510～201605），侵蚀面积最大的 2 号崩岗侵蚀量反而不及面积较小的 4 号，前者侵蚀量仅为后者的 10%；在第 5 监测时段（201704～201709），面积最小的 3 号崩岗侵蚀量是 1 号崩岗的 2.8 倍。因此，崩岗侵蚀量与面积之间在较短的监测时段内并无直接的关系。

为了消除崩岗侵蚀面积的影响，分别计算不同崩岗的单位面积侵蚀量，用于比较不同崩岗的侵蚀强度。从整个监测期来看，1～4 号崩岗侵蚀强度分别为 0.36 m^3/m^2、0.71m^3/m^2、0.28m^3/m^2、0.56 m^3/m^2，其中以 2 号崩岗的最大，3 号崩岗的最小，最大侵蚀强度是最小侵蚀强度的 2.6 倍，3 号崩岗无论是面积还是侵蚀量，在不同崩岗中均最小，其侵蚀强度亦最小，但 1 号崩岗无论是面积，还是侵蚀量均与 2、4 号崩岗相差 3～4 倍，而侵蚀强度仅相差 1～2 倍，这亦表明崩岗侵蚀强度并非简单地由其面积大小所决定。

崩岗不同时段的侵蚀强度变化如图 4-8 所示。从图 4-8 可见，除 2 号崩岗外，不同崩岗侵蚀强度均以第 3 时段最大，而且不同崩岗之间差异不大，变化幅度为 0.20～0.30 m^3/m^2；在第 2 监测时段最小，不同崩岗侵蚀强度均<0.01 m^3/m^2，其他监测时段的侵蚀强度亦较小，在 0.01～0.07m^3/m^2 之间变化；2 号崩岗侵蚀强度则以第 1 时段最大，为 0.30 m^3/m^2，第 3 时段次之，为 0.30 m^3/m^2，其他监测时段均较小，侵蚀强度<0.06 m^2。以上分析表明，不同崩岗在不同时段的侵蚀变化规律并不完全相同，这从一个侧面说明了崩岗侵蚀发生的复杂性和偶然性。

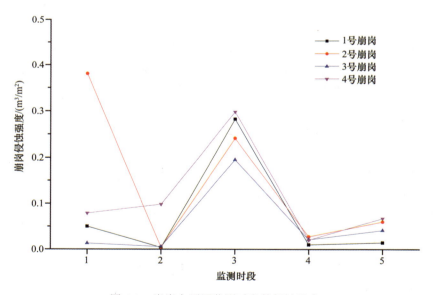

图 4-8　崩岗在不同监测时段的侵蚀强度

根据崩岗在不同监测时段的侵蚀量，分别计算不同崩岗在不同时段的侵蚀模数，结果见表 4-4，其中，1～4 号崩岗面积按编号顺序分别为 182 m^2、927 m^2、179 m^2 和 684m^2，土壤容重实测结果分别为 1.33 g/cm³、1.30 g/cm³、1.32 g/cm³ 和 1.37g/cm³。从表 4-4 可见，不同崩岗在不同时段的侵蚀模数都很大，以整个监测期不同时段累计侵蚀量计，不同崩岗侵蚀模数为 146549～370784t/(km²·a)，相当于国家行业标准《土壤侵蚀分类分级标准（SL190—2007）》中剧烈等级侵蚀模数的 9 倍以上。可见，不同崩岗均处于侵蚀活跃期，崩岗侵蚀导致的土壤流失极为严重。在不同崩岗中，以 2 号、4 号崩岗侵蚀模数最大，两者平均为 34.0 万 t/(km²·a)，1 号次之，比 2、4 号平均值小 43.6%，3 号最小，比 2 号、4 号平均值小 56.9%。从崩岗现状调查结果来看，1 号、2 号和 4 号崩岗发育历史较长，均处于中期末段发育阶段，而 3 号崩岗发育历史较短，处于发育的前期末段或中期初始阶段。不同崩岗在不同时段的侵蚀模数变幅很大，最大值与最小值的倍数为 14～90 倍，以 2 号崩岗变幅量大，4 号崩岗变幅最小。侵蚀模数最大值出现在不同时段，其中 1 号、3 号和 4 号崩岗出现在第 3 时段，2 号崩岗出现在第 1 时段。综上所述，表明了崩岗侵蚀的突发性和偶然性的特点，亦体现了崩岗侵蚀发育过程复杂、多变的特征。

表 4-4　崩岗在不同监测时段的侵蚀模数

监测时段	崩岗侵蚀模数/[t/(km²·a)]			
	1 号崩岗	2 号崩岗	3 号崩岗	4 号崩岗
1	132809	988815	35279	216831
2	10539	10997	15504	270290
3	751123	626918	516114	817757
4	26388	71177	56336	56467
5	38716	156011	109513	185158
平均	191915	370784	146549	309300

4. 崩岗侵蚀表面随高程的变化

利用 Trimble 扫描仪软件表面分析、切割和体积计算等功能，分析崩岗前后两次扫描数据在水平投影面上沿垂直方向形成的空间几何体，并按 2m 等高距设置参考水平面，将该空间几何体从下到上进行分割，得到 2m 等高距的空间层，分层计算不同高度空间层前后两次扫描数据形成的空间几何体的体积变化。在计算时以相邻两次扫描间隔为一监测时段，以前一次扫描数据为基准，后一次扫描数据为比较，计算结果中的正值为泥沙堆积量，表示地表发生堆积上升，负值为泥沙流失量，表示地表发生侵蚀下降，按不同空间层分层计算，得到不同高度空间层的泥沙堆积量和流失量，用于表征不同高度空间层地表下降或上升的变化。不同高度空间层前后两次的体积差即为该高度空间层在该时段的侵蚀量，表征崩岗在该时段向外输出的土壤侵蚀量。

1）崩岗侵蚀量随高度的变化

在整个监测期不同崩岗侵蚀量随高度的变化如图 4-9 所示。从图 4-9 可见，1 号崩岗侵蚀量随高度的变化呈现出由中间高向上、下两侧降低的特点，最大侵蚀量出现在 3～8m 高度带，累计侵蚀量占崩岗总侵蚀量 78.3%，最小侵蚀量分别出现在崩岗底部 1～2m 及上部 13～14m 高度层，分别占崩岗侵蚀量的 1.4%和 3.6%。这种分布特征与崩岗实际地形特征相吻合,崩岗侵蚀主要发生在中部高度带,这一高度带是崩积堆及沟道分布区,在崩岗顶部边缘局部侵蚀量较大,因而 13~14m 高度层侵蚀量比 1~2m 高度层的稍大。

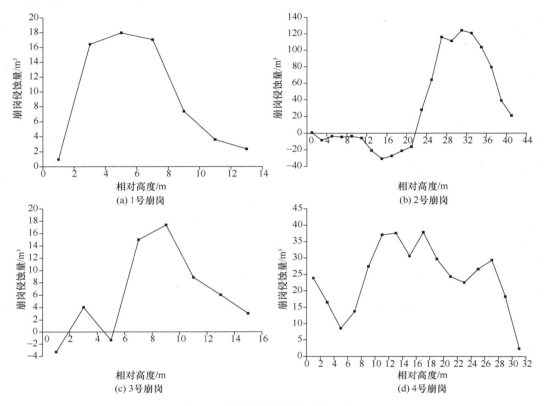

图 4-9   崩岗侵蚀量随高度的变化

2 号崩岗以 23m 高度为界,上半部不同高度空间层侵蚀量由中间向上、下两侧降低,最大侵蚀量出现在 25~33m 高度范围内,其累计侵蚀量占崩岗总侵蚀量的 71.3%,在该层两侧 23~24m 和 41~42m 高度层侵蚀量分别仅占崩岗总侵蚀量的 2.6%和 3.5%;下半部不同高度空间层(1~2m 除外)侵蚀量均为负值,崩岗上部侵蚀物质在此高度范围内堆积,最大堆积量出现在 15~18m 高度范围内,占崩岗总堆积量的 40.6%。因此,2 号崩岗在 23m 以上高度范围内以土壤流失为主,这一高度范围主要是崩壁区及崩积堆上部坡度较陡区,在 23 以下高度范围内以土壤堆积为主,这一高度范围主要是崩积堆区,表明崩岗上半部的侵蚀除向崩岗外输送外,还有部分在崩岗下半部堆积下来,流失量与堆积量之比为 5.6:1,以侵蚀流失为主。

3 号崩岗侵蚀量在高程上的分布特征表现出两个峰值变化,在 5~16m 高度范围内,侵蚀量由 7~10m 高度向上、下两侧降低,其侵蚀量占崩岗总侵蚀量的 59.5%,向上至 15~16m 高度层侵蚀量下降至仅占 5.6%,向下至 5~6m 高度层侵蚀量为负值;在 1~5m 高度范围内,侵蚀量峰值出现在 3~4m 空间层,由此向上、下两侧降低,在 1~2m 高度层侵蚀量亦为负值,出现泥沙堆积的现象。因此,3 号崩岗侵蚀量主要发生在崩岗中上部崩壁区及沟道区,崩岗中下部崩积堆及底部沟口局部区域出现土壤堆积,这与崩岗实际地形特征相符。

4 号崩岗侵蚀量随高度的变化呈波浪式变化，在 1～6m 和 27～32m 高度带，侵蚀量随高度上升快速下降；在 11～18m 高度带，侵蚀量又随高度上升至最大值，这一高度带累计侵蚀量占崩岗总侵蚀量的 44.7%。因此，4 号崩岗侵蚀主要分布在中部高度带崩积堆及沟道区，崩岗顶部边缘及近底部高度层侵蚀量较小。综上分析可知，1～4 号崩岗在整个监测期侵蚀主要集中在崩岗中部，侵蚀量较高的高度（层）带分别在 3～8m、23～33m、7～10m 和 11～18m，累计侵蚀量分别为 65.66 m³、804.81 m³、54.39 m³、386.06m³，分别占崩岗侵蚀量的 78.3%、71.3%、59.5% 和 44.7%，崩岗中部以上及以下两端高度带侵蚀量较小。不同崩岗之间有不同的差别，1 号崩岗侵蚀集中分布的高度带由中部偏向下方，3 号崩岗则偏向上方；2 号、3 号崩岗在下部侵蚀量为负值，堆积量分别为 143.82 m³、4.71 m³。

崩岗侵蚀随高度的变化特征与崩岗内部的微地形地貌有关。1 号崩岗相对高度为 14m，在崩岗上部 9m 以上高度带主要为崩壁，由于崩壁上方及两侧边缘已分别接近分水岭和山脊线，坡面汇水面积较小，崩壁重力及水力冲刷侵蚀作用均受到一定程度的限制，侵蚀量仅占崩岗侵蚀量的 20.3%；在 9m 以下高度带主要为崩积堆及沟道，受崩岗中间宽、沟口窄的影响，在崩岗中部形成 3 个不同方位的崩积堆，崩积堆之间为下切深沟，坡面及其沟道水力侵蚀较活跃，侵蚀量占崩岗侵蚀量的 79.7%，且侵蚀作用自上而下减少；因此，崩岗侵蚀量在中部偏下高度带较大、上部较小，这种分布特征正好反映了崩岗的侵蚀地貌特征。

2 号崩岗相对高度 42m，上部 37～42m 高度带为崩壁，崩岗上方距分水岭之间汇水面积较小，崩壁重力与水力冲刷侵蚀作用受到一定程度的限制，侵蚀量占崩岗侵蚀量的 17.2%；37m 以下高度带为崩积堆，坡面长达 42m，崩积堆水力侵蚀作用活跃，且侵蚀作用上坡位比下坡位大，下坡位易产生侵蚀堆积作用，在上坡位 23～36m 高度带侵蚀量占崩岗侵蚀量的 82.7%，在下坡位 23m 以下高度带，侵蚀量为负值，堆积量为 143.82m³。这种侵蚀的高度分布特征充分反映了崩岗内部以崩积堆地貌为主的特征。

3 号崩岗相对高度为 16m，上部 9～16m 高度带为崩壁区，崩岗上方距分水岭达 45m，坡面汇水面积大，崩壁区重力与水力侵蚀作用较强，侵蚀量占 65.0%；9m 高度带以下为崩积堆，崩积堆从崩岗中部延伸至沟底，以水力侵蚀为主，侵蚀量占 35.0%，由于崩积堆上坡位坡度较大，下端坡度较缓，侵蚀量出现负值，由上部侵蚀泥沙在坡度较缓处沉积下来，堆积量为 4.71m³。

4 号崩岗相对高度 32m，上部 29～32m 高度带为崩壁，重力与水力侵蚀作用范围小，侵蚀量占 5.3%；自 29m 以下高度范围，地形复杂，地表起伏不平，中部由两侧沟道相夹形成土墙，沟口由土墙两侧沟道汇合成主沟道，深达 1m 以上，使崩岗侵蚀基准面大为降低，因此，在此高度范围内，水力侵蚀作用相当活跃，侵蚀量占 94.7%，由于沟道在崩岗中部两侧自上而下分布且沟道较深，沟道侵蚀下切作用尤其明显，在 9～28m 高度范围内，侵蚀量呈小幅度波动变化。因此，崩岗内部地貌系统对崩岗侵蚀量有直接的影响，崩岗侵蚀量随高度的分布可以反映崩岗内部的地形特征。

1 号、2 号、4 号崩岗上方汇水坡面较小，且崩壁区范围较小，崩壁侵蚀作用受到一定程度的限制，侵蚀量较小；崩岗内部崩积堆地貌范围较大，崩积堆水力侵蚀作用较活跃，侵蚀量较大；3 号崩岗上方汇水坡面较大，且崩壁区范围较大，崩壁区侵蚀作用活跃，崩积堆仅在沟道区侵蚀作用活跃。在 2 号和 3 号崩岗侵蚀量为负值的高度（层）带，均为崩积堆的下坡位，在坡面水力侵蚀过程中，降雨径流挟沙能力从上往下减小，且在崩积堆下端坡度较缓，易于堆积上部流失的泥沙，导致泥沙在下坡位堆积，侵蚀量出现负值。

2）不同时段崩岗侵蚀随高度的变化

崩岗在不同监测时段侵蚀量随高度的变化各有特点。在第 3 监测时段，由于不同崩岗不同高度空间层累计侵蚀量远比其他监测时段的大，按编号顺序分别占整个监测期各高度空间层累计侵蚀量的 78.3%、82.0%、65.3% 和 52.9%，不同崩岗在第 3 监测时段侵蚀量随高度的变化基本上可代表整个监测期侵蚀量的高程分布特点，如图 4-10 所示。

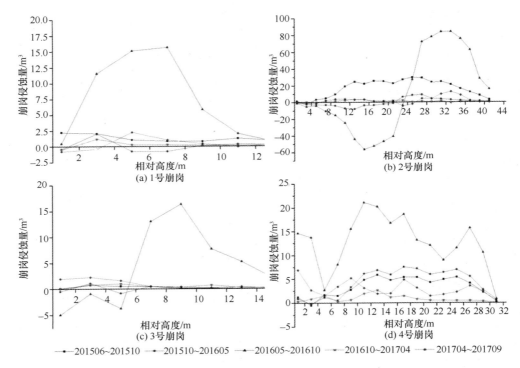

图 4-10　崩岗在不同时期侵蚀量随高程的变化

从图 4-10 可见，不同崩岗在不同监测时段侵蚀量随高度的变化各有特点。1 号崩岗在第 1 监测时段侵蚀量基本上随高程增加而下降；在第 2、4、5 监测时段侵蚀量随高度变化的趋势大体相同，在崩岗 3～4m 或 5～6m 高度层侵蚀量较大，在其上、下两端侵蚀量较小，在崩岗底部甚至出现负值；第 3 监测时段侵蚀量随高度的变化基本上可以代表整个监测时段的变化特征。在不同时段，1 号崩岗侵蚀量基本上在崩壁分布的高度层侵蚀量最小。2 号崩岗侵蚀量在不同监测时段有不同的变化特点。在第 1 监测时段，崩岗侵蚀量在 11～34m 高度层较大并且呈波浪式变化，在崩岗底层和顶层侵蚀量较小；在第 2、3 监测时段，崩岗在下半部 1～24m 高度范围侵蚀量为负值，24m 以上高度侵蚀量呈峰值变化；在第 4 监测时段，侵蚀量随高度呈不规则波浪式变化；在第 5 监测时段，崩岗侵蚀量除底层和顶层较小外,在中部 23~26m 高度层侵蚀量出现负值。3 号崩岗在第 1、2、4、5 监测时段侵蚀量在 7m 以上高度很小,在 7m 以下高度层侵蚀量随高度有小幅波动,但较大侵蚀量分别出现在不同高度层,在第 2 监测时段,侵蚀量还出现负值。4 号崩岗侵蚀量随高程的变化总体呈不规则的波浪式变化,其中在第 1、2 监测时段的变化趋势相似,在 9~32m 高度范围内侵蚀量较大且呈波浪式变化,在底部和顶部侵蚀量最小;在第 4 监测时段,崩岗侵蚀量在 13m 以上随高程增加而减小,在 13m 以下高度侵蚀量呈高、低起伏变化;在第 5 监测时段,侵蚀量在崩岗底部最大,在顶部最小,侵蚀量随高度而呈较规则的多峰值变化。总体来说,不同崩岗在第 3 监测时段侵蚀量随高程的变化可代表整个监测期崩岗侵蚀量随高程的变化特点;在不同监测时段,崩岗侵蚀量基本上在底层和顶层最小,侵蚀量随高程的变化起伏多变,少数高度层侵蚀量甚至出现负值;侵蚀量出现负值的主要在崩岗下部。

5. 崩岗侵蚀随侵蚀表面坡度的变化

崩岗内部地形复杂,坡度分布不一。为了计算崩岗不同坡度坡面的侵蚀量,将崩岗地面坡度以 10° 为间隔从 0° 到 90° 顺序划分为 9 级,在 AreGIS 软件中导入崩岗扫描的点云数据,利用该软件的 3D 分析工具和数据管理工具,将点云数据转换成栅格数据,提取各期扫描数据崩岗地面的坡度信息,按照崩岗地面坡度的分级,以 10° 为间隔进行重分类。以监测期初始扫描数据每级坡度为范围边界,对每期数据崩岗地面各级坡度的范围进行剪切,计算相邻两次前后监测数据各级坡度坡面空间体的体积差,获取崩岗各级坡度坡面的侵蚀量,分别得到不同监测时段崩岗各级坡度坡面的侵蚀量,如图 4-11 所示。

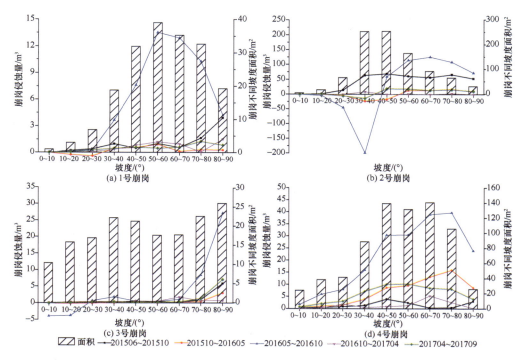

图 4-11　不同监测时段崩岗不同坡度的侵蚀量

　　从图 4-11 可见，崩岗各级坡度侵蚀量的变化除第 3 监测时段外，其他监测时段基本上相似；在第 3 监测时段，不同坡度的侵蚀量远比其他监测时段大，随坡度的变化幅度也较大；在不同崩岗之间，侵蚀量随坡度的变化规律各有不同。1 号、4 号崩岗在 30° 以下各级坡度的侵蚀量较小且不同坡度的侵蚀量变化不大；在 30°～40°坡面侵蚀量明显增大，尤其是在第 3 监测时段；在 40°以上各级坡度侵蚀量呈小幅起伏变化，侵蚀量最大的坡度在不同监测时段有所不同；与 4 号崩岗不同的是，1 号崩岗侵蚀量随坡度的变化规律在第 3 监测时段与其他监测时段差别较大。2 号崩岗在 50°坡度以下各级坡度侵蚀量在不同监测时段变化差异较大，甚至出现负值，尤其是在第 3 监测时段，在 20°～30°和 30°～40°坡面分别出现高达 44m³ 和 198 m³ 的负侵蚀量；在 50°坡度以上各级坡度的侵蚀量明显增大，但除第 3 监测时段外，各级坡度的侵蚀量基本上变化较小，侵蚀量最大的坡度在不同监测时段亦不相同。3 号崩岗各级坡度侵蚀量的变化较为简单，在不同监测时段均在 70°以下各级坡度侵蚀量较小且变化不大，最大侵蚀量的坡度均为 80°～90°。因此，崩岗不同坡度的侵蚀量变化规律较为复杂，因不同崩岗或不同监测时段而异。

　　有研究（刘希林和张大林，2015）表明，崩岗各坡度分布面积是影响其侵蚀量大小的主要原因之一，各级坡度分布面积与侵蚀量的变化规律基本吻合。但如图 4-11 所示，这一规律仅在 1 号、4 号崩岗的个别监测时段出现，其他监测时段和 2 号、3 号崩岗不同监测时段侵蚀量最大的坡度，其面积并非最大，不同坡度的侵蚀量变化趋势与各级坡度的面积变化趋势并非完全一致。

　　利用 5 个监测时段崩岗各级坡度的平均侵蚀量和各级坡度面积的分布，进一步分析崩岗不同坡度侵蚀量的变化规律，如图 4-12 所示。从图 4-12 可见，1 号和 4 号崩岗不同坡度侵蚀量的变化趋势大致相同，侵蚀量均从坡度 0°～10°随坡度增大而增大，并分别在坡度 50°～60°和坡度 60°～70°达到最大值，之后又随坡度增大而减小，不同坡度的侵蚀量变化幅度较大，最大值与最小值分别相差 263 倍和 15 倍。2 号崩岗在 0°～40°各级坡度侵蚀量极小，甚至在 20°～30°、30°～40°坡度侵蚀量为负值，在 40°～50°坡度侵蚀量大增，比 0°～10°坡度侵蚀量增大 902 倍，在 50°～60°坡度侵蚀量最大，在 60°以上各级坡度侵蚀量随坡度增大变化较小。3 号崩岗在 0°～70°各级坡度侵蚀量均很小，其中在 0°～10°、10°～20°坡度侵蚀量为负值，在 70°～80°坡度侵蚀量大幅上升，在 80°～90°坡度侵蚀量最大，最大侵蚀量与最小侵蚀量相差 26 倍。可见，不同崩岗均以 0°～30°各级坡度侵蚀量最小，其累计侵蚀量仅占侵蚀总量的 1%～11%；最大侵蚀量的坡度按崩岗序号顺序分别是 50°～60°、50°～60°、80°～90°、60°～70°，其侵蚀量按崩岗序号顺序分别占侵蚀总量的 22%、23%、64%、20%。不同坡度侵蚀量变化幅度大，最大侵蚀量与最小侵蚀量相差可达 15 倍以上。

　　从图 4-12 可见，崩岗侵蚀量随坡度的变化与各级坡度面积有一定关系，侵蚀量最小的 0°～30°坡度，其面积最小，累计占崩岗总面积的 6%～25%；最大面积的坡度按崩岗序号顺序分别是 50°～60°、40°～50°、80°～90°、60°～70°，分别占崩岗总面积的 21.0%、27.0%、15.0%、19.1%，由于 2 号崩岗 40°～50°侵蚀量与最大侵蚀量差异很小，不同崩岗平均侵蚀量最小的坡度，其面积也最小；侵蚀量最大的坡度，其面积也最大。但并非所有崩岗坡度面积大，其侵蚀量就大，崩岗侵蚀量随坡度的变化与各级坡度的面积分布

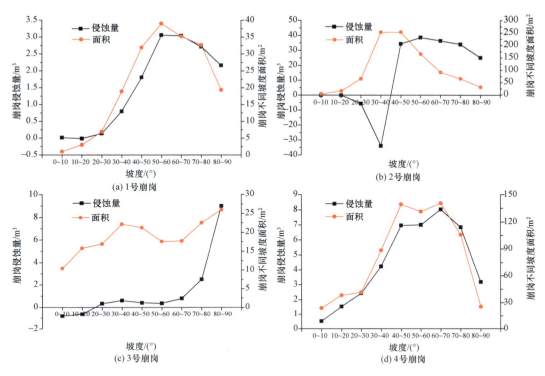

图 4-12　整个监测期崩岗不同坡度范围的累计侵蚀量

规律相符的只有 1 号和 4 号崩岗，2 号、3 号崩岗并未表现出这一规律。在 2 号崩岗，30°~40°与 40°~50°坡面面积几乎相同，但前者侵蚀量为负值，后者侵蚀量仅次于最大侵蚀量；在 3 号崩岗，侵蚀量最大的坡度，其面积仅占 15%，但侵蚀量却占 64%；面积仅次之的 30°~30°、40°~50°、70°~80°坡度，其累计面积占总面积的 39%，但其侵蚀量仅占侵蚀总量的 25%。因此，崩岗地面坡度对侵蚀量的影响受崩岗个体差异的影响。

　　以 5 个监测时段崩岗各级坡度单位面积平均侵蚀量，分析比较各级坡度的侵蚀强度，结果如图 4-13 所示。从图 4-13 可见，崩岗各级坡度的侵蚀强度基本上随坡度的增大而增大，其中，1 号、4 号崩岗各级坡度的侵蚀强度变化平缓，变化幅度<0.02m³/m²；2 号崩岗各级坡度的侵蚀强度变化较大，变化幅度为 0.0004~0.1643m³/m²；3 号崩岗在 70°以下各级坡度的侵蚀强度变化较小，变化幅度<0.02m³/m²，在 80°~90°坡度增大为 0.07 m³/m²。不同崩岗均以 80°~90°坡度的侵蚀强度最大。

6. 崩岗侵蚀在平面上的分布

　　通过三维扫描崩岗表面形成的立体空间，利用三维地理景观立体投影显示的方法和技术可以实现三维立体到二维平面的转变，以便分析崩岗侵蚀在平面上的分布。常用的投影方法是垂直或水平投影，但由于崩岗侵蚀表面地形地貌复杂，具有陡直的崩壁和深切的沟道等，既有垂直坡面，又有倾斜坡面和水平坡面，把其垂直投影到水平面上，会出现点云的叠加投影，无法体现坡面的细节特征。为此，本节研究采用双曲面模型投影方法，利用 Trimble 扫描仪软件的平面分析功能，根据崩岗的形态及地形特点，创建弧

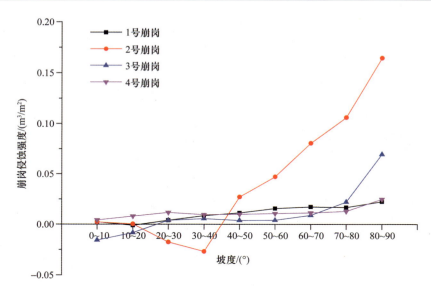

图 4-13　崩岗不同坡度的平均侵蚀强度

形坡面,将崩岗表面按双曲面模型向两侧弧形范围内投影,将点云有效地投影到包裹点云的弧面上,展开后生成测量坡面的投影图,可有效解决点云投影中的点云叠加问题。采用该方法投影后展开的平面虽然会出现一定程度的弧形形变,但其对垂直坡面、倾斜坡面和水平坡面具有良好的细节描述,非常适合于崩岗,相对于垂直投影的点云叠加问题,该形变可以忽略不计。通过双曲面投影模型,分别以前后相邻两期扫描数据进行对比,以前期扫描数据为基准,后期扫描数据为比较,利用 Trimble 扫描仪软件的面与面检测功能,可分别得出不同监测时段崩岗侵蚀地表深度和堆积高度的平面分布,如图 4-14 所示,图中比色柱红色(正值)表示崩岗地表堆积高度,后期地表较前期上升,蓝色(负值)表示崩岗地表侵蚀深度,后期地表较前期下降,颜色越深,表示地面堆积上升高度或侵蚀下降深度越大。

1)崩岗侵蚀的地形变化及其平面分布特征

从图 4-14 中可见,不同崩岗在不同时段侵蚀较明显的区域各不相同,但同一崩岗在不同时段侵蚀较明显的区域相对较为一致。崩岗侵蚀地表高度的变化大部分介于–0.5m～0.5m 之间,大于 0.5m 的范围较小。在第 1、2 监测时段和 4、5 监测时段,崩岗侵蚀地表下降或上升大于 0.5m 的区域主要分布在崩岗中下部局部区域,其中侵蚀下降作用区域主要沿沟道分布,侵蚀堆积上升作用主要发生在崩积堆坡面局部区域,呈散点状分布;在第 1、5 监测时段,侵蚀深度和堆积高度分别比第 2、4 监测时段的明显。在第 3 监测时段,侵蚀地表高度介于–0.5～0.5m 之间变化的区域范围有所减小,而地表下降或上升大于 0.5m 的区域则有所扩大,且主要集中分布在崩岗上部崩壁(2 号和 3号崩岗)和中部的崩积堆或沟道(1 号、2 号和 4 号崩岗),说明在崩岗监测期间内,不同崩岗的侵蚀部位及侵蚀方式相对比较固定。因此,不同崩岗侵蚀的平面分布特征以整个监测期(201506～201709)为例进行分析,如图 4-15 所示。由于不同监测期以第 3

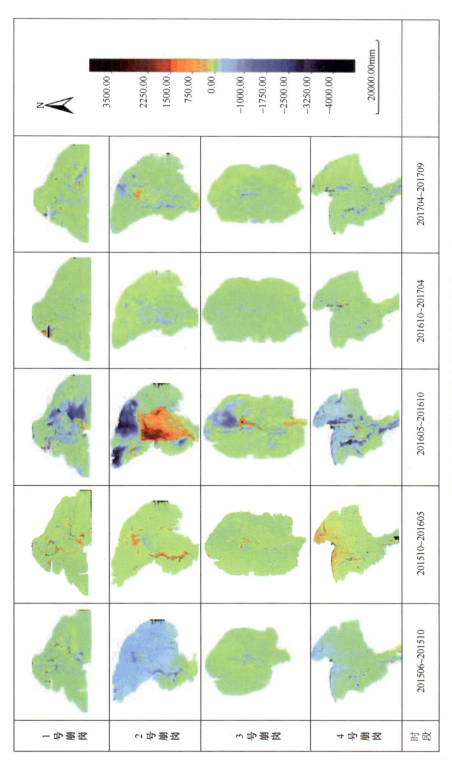

图 4-14　不同监测时段崩岗侵蚀的平面分布

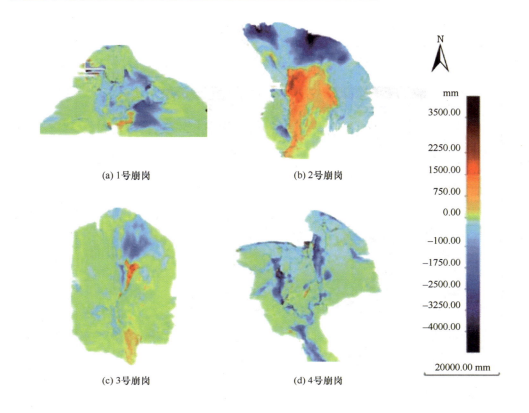

(a) 1号崩岗　　　　　　　　　　　(b) 2号崩岗

(c) 3号崩岗　　　　　　　　　　　(d) 4号崩岗

图 4-15　整个监测期不同崩岗侵蚀的平面分布

监测时段的侵蚀量最大，整个监测期崩岗侵蚀的平面分布与第 3 监测时段的特征相似。

1 号崩岗侵蚀的平面分布特征如图 4-15（a）所示，从图 4-15（a）可见，1 号崩岗侵蚀变化较明显的区域主要集中分布在崩岗中下部中心区域，侵蚀量占崩岗侵蚀量的75.2%，这里主要是崩积堆地貌和沟道分布区；在崩岗上部及两侧侵蚀变化较小，侵蚀量占崩岗侵蚀量有 24.8%，这里主要是崩壁分布区及崩积堆上部。侵蚀过程以地表侵蚀下降为主，地表侵蚀下降区域的面积占崩岗侵蚀面积的 80.8%，侵蚀堆积上升区域的面积仅占 19.2%；因侵蚀导致地表下降或上升的变化幅度基本上在 2m 以内，且以小于 0.5m 为主。地表下降深度或堆积上升高度大于 0.5m 的区域主要集中分布在崩岗中下部中心区域及崩岗边缘，占崩岗侵蚀面积的 20.2%，其中地表下降区占 18.9%，在崩岗中下部圆状区域呈块状分布，还有少量分布在崩岗顶部及两侧边缘，在崩岗中下部偏东约 8.7%的区域地表下降深度甚至大于 1m；地表堆积上升区仅占 1.3%，主要在崩岗底部沟口小范围区域和中部呈散点状分布。地表下降或上升小于 0.5m 的区域主要分布在崩岗上部及两侧，占崩岗侵蚀面积的 79.8%，其中 56.2%的区域在–0.1～0.1m 之间变化。地表下降深度和上升高度大于 2m 的分布范围极小，仅占 2.6%。这种侵蚀分布特征反映了崩岗的实际地貌特征，1 号崩岗内部大、出口小，崩岗顶部边缘呈圆弧状，上部为陡峭的崩壁，中部地形主要为西、北、东不同方位的崩积堆及其之间的沟道，崩岗相对高度不高，崩积堆坡面较低。由于上方集水坡面汇水面积小，上部崩壁重力崩塌与水力侵蚀发育强度受到一定程度的限制，在整个监测期间，侵蚀作用主要以水力侵蚀的形式发生在中部崩积堆坡面及其之间的沟道，较明显的崩壁崩塌作用仅发生在东侧崩积堆上方小范围区域，形成中部泥沙流失的集中区、局部沟道和沟口较平缓处泥沙堆积的地形特征。

2 号崩岗侵蚀的平面分布特征如图 4-15（b）所示，从图 4-15（b）可见，2 号崩岗侵蚀较明显的区域呈大范围成片分布，侵蚀量占崩岗侵蚀量的 83.4%，仅在崩岗下部两侧侵蚀变化较小。侵蚀过程不仅地表侵蚀下降明显，而且堆积上升亦同样明显，地表侵蚀下降区域占崩岗侵蚀面积的 66.0%，地表上升区域占 34.0%，在崩岗上部及两侧以地表侵蚀下降为主，中下部中心偏西区域以地表堆积上升为主，地表侵蚀高度变化幅度在 4m 以内。地表下降或上升大于 0.5m 的区域相对集中成片分布，面积占 40.9%，其中地表下降深度大于 0.5m 的区域主要在崩岗上部呈面状分布和下部两侧呈小范围斑块状或细条状分布，面积占 25.6%，在崩岗上部中心区域及西北角，地表下降深度由外围 0.5m 向中心递增，至中心区域地表下降深度可达 3m 以上，其中地表下降 3～2m、2～1m、1～0.5m 的面积差异不大，大于 3m 的占 4.2%；地表上升高度大于 0.5m 的面积占 15.2%，主要集中在崩岗中下部中心偏西区域呈上宽下窄带状分布，一直延伸至崩岗底部，在其西侧偏上位置还有较小范围的块状分布，其中堆积上升高度在 0.5～1m 和 1～2m 的面积各占 8.4% 和 6.4%，大于 2m 的分布范围极小，仅占 0.4%。其余区域地表下降深度或上升高度小于 0.5m，面积占 59.1%，其中大部分区域在 0.1～0.5m 之间变化，面积占 43.6%，主要集中在崩岗东部及崩岗上部偏西区域（地表下降为主）和崩岗下部中心偏东区域（地表上升为主）呈面状分布；小于 0.1m 的区域占 15.5%，主要分布在崩岗下部西南及东南角。2 号崩岗侵蚀的平面分布特征反映了崩岗的微地形特征，该崩岗顶部为约 10m 层高的崩壁，崩壁以下为大面积的崩积堆，坡长约 42m，对稳定崩壁起到一定的作用，同时，崩岗边缘与分水岭接近，上方汇水范围较小，崩壁重力侵蚀发育受到一定程度的影响；崩积堆地形由中部向两侧倾斜，在崩岗边缘形成沟道。因此，在整个监测期间，崩岗以坡面水力侵蚀、局部崩壁重力侵蚀为主，崩岗上方坡面汇水沿崩壁向下冲刷，崩壁表面物质向下搬移，局部崩壁甚至发生重力坍塌，由于崩积堆坡面较长，侵蚀物质沿坡面搬运输移过程中不断地发生沉积，因而形成上部泥沙流失、中部泥沙堆积的地形特征。

3 号崩岗较之 1 号、2 号和 4 号崩岗侵蚀活动范围较小，侵蚀较活跃的范围仅占崩岗面积的 53.9%，其侵蚀的平面分布特征如图 4-15（c）所示。从图 4-15（c）可见，侵蚀变化较明显的区域主要分布在崩岗东半侧偏中部区域及局部斑块状区域，侵蚀量占崩岗侵蚀量的 67.9%，其中地表侵蚀下降区域占侵蚀面积的 65.6%，堆积上升区域占 34.4%。地表高度变化大部分介于 –0.5～0.5m 之间，大于 0.5m 的区域面积较小。地表高度变化大于 0.5m 的区域集中分布在崩岗上部东半侧、中下部中心区及局部小范围区域，占崩岗侵蚀面积的 13.6%，其中，地表下降深度大于 0.5m 的占 11.7%，主要在崩岗上半部东侧区域呈面状分布及中部中心区呈小范围条状分布，最大深度可达 2m 以上；地表堆积上升大于 0.5m 的区域仅占 1.9%，主要在崩岗中部中心区呈条状分布，其中堆积上升高度主要在 0.5～2m。在以上区域以外，地表高度变化均小于 0.5m，面积占 86.5%，其中 66.1% 的区域地表下降或上升的变化小于 0.1m，在崩岗底部出口坡度较平缓处，地表堆积上升高度为 0.1～0.5m。因此，在整个监测期间，3 号崩岗侵蚀过程中的地形变化以侵蚀下降为主,崩岗上部崩壁区及中部中心条状区域为侵蚀下降深度较大的分布区,中部中心区及底部小范围区域为地表堆积上升高度较大的分布区,其余区域地表下降深度或上升高度变化较小,这种侵蚀分布特征反映了崩岗的实际地形地貌特征。3 号崩岗发育规模小,宽、高均超过 10m,上方集水区面积大,西半侧主要为高陡的崩壁,仅在下部形成小型及坡度较缓的崩积堆;东半侧上半部为崩壁,下半部为崩积堆,崩积堆上坡位坡度较陡,下坡位坡度较缓;东、西侧崩积堆之间为宽、深近 1m 的沟道直通崩岗口。因此,在整个监测期内,3 号崩岗崩壁重力侵蚀、崩积堆及沟道水力侵蚀均较活跃,尤其是在崩岗上部东侧区域,崩壁重力侵蚀作用较强,因而形成上半部泥沙流失、下部崩积堆泥沙局部堆积的地形特征。

4 号崩岗侵蚀的平面分布特征如图 4-15（d）所示,从图 4-15（d）可见,4 号崩岗侵蚀地形变化较大的区域主要集中在崩岗中部两侧及底部的沟道区域,侵蚀量占崩岗侵蚀量的 76%。侵蚀过程以地表侵蚀下降为主,地表侵蚀下降区域的面积占崩岗侵蚀面积的 86.3%,地表堆积上升的区域占 13.7%。侵蚀地表高度变化大于 0.5m 的区域占崩岗侵蚀面积的 22.2%,其中 21.0% 为地表下降深度大于 0.5m 的区域,主要集中在崩岗中部两侧呈条带状分布,并在崩岗底部沟口合并为一条集中分布带,还有少量分布在崩岗顶部边缘,有 3.8% 的区域侵蚀深度可达 2m 以上;地表上升高度大于 0.5m 的区域仅占 1.2%,在崩岗局部呈小条状分布,局部也可达 2m 以上。其余 77.8% 的区域地表高度变化介于 –0.5～0.5m 之间,其中介于 –0.1～0.1m 之间变化的区域占 44.9%,主要分布在崩岗中下部及上部西北角,在崩岗上部地形变化主要在 0.1～0.5m 之间且以地表下降为主,占 29.8%。这与实地调查观测的崩岗微地貌特征非常吻合,4 号崩岗上部崩壁高陡,下部崩积堆地形切割破碎,两侧为 1 米多深的沟道,两侧沟道在崩岗底部汇合形成 1 条主沟道,这些沟道区域即为地表侵蚀下降明显发生的条带状区域。因此,4 号崩岗在监测期内以水力侵蚀为主。

2）崩岗侵蚀过程中的地形演变特征

在崩岗整个监测期内,不同监测时段崩岗侵蚀地形的变化可反映崩岗在这一时期的侵蚀地形演变特征。从崩岗侵蚀地表下降或上升区域所占比例来看,在不同监测时段,不同崩岗侵蚀地形变化以地表下降为主,地表下降区域的面积大于上升面积（仅在第 4 监测时段 2 号崩岗例外）。从崩岗侵蚀地表下降深度或上升高度的变化幅度来看,在第 1、2、4、5 监测时段,地表下降深度或上升高度均较小,主要介于 –0.5～0.5m 之间变化,其中又以在 –0.1～0.1m 之间变化的居多,地表高度变化大于 0.5m 的分布面积不足 5.6%（个别为 9.6%）;在第 3 监测时段,地表下降或上升的变化幅度远比第 1、2、4、5 监测时段的大,不同崩岗地表下降深度或上升高度大于 0.5m 的分布面积为 19.1%～41.1%。从崩岗侵蚀地形变化的分布区域来看,第 1 与第 2 监测时段、第 4 与第 5 监测时段崩岗侵蚀地形变化的分布区域较为相似,不同的是,第 1 监测时段、第 4 监测时段地表下降或上升较明显的区域范围分别比第 2 时段、第 5 时段大;第 3 监测时段崩岗侵蚀地形变化的分布区域范围比其他监测时段大。

总的来说,在不同监测时段,同一崩岗地表下降或堆积上升的分布格局基本上类似,主要差异表现在不同时段之间地表下降或上升的分布面积和下降深度或上升高度的变化，表明在近 3 年的监测期内，崩岗侵蚀活跃的区域相对比较固定，但地形变化程度在不同时期有所不同。在第 3 监测时段，侵蚀地形的变化特征与整个监测期类似，集中反映了整个监测期崩岗侵蚀地形的变化及其平面分布特征。2 号和 4 号崩岗在不同监测时段侵蚀变化趋势极为相似，在第 1 时段以地表侵蚀下降为主，在第 4、5 监测时段地表下降稍大于上升，两期相比，第 5 监测时段地表下降分布范围明显比第 4 监测时段大，地表下降较明显的区域均呈明显的条带状或面状分布在崩岗中部一定宽度范围内，地表上升较明显的区域呈局部散点分布。1 号崩岗在第 1、4、5 监测时段侵蚀的平面分布特征较为相似，地表下降与上升的面积相当，但地表下降深度比上升高度大；在第 2 监测时段，地表上升与下降的面积相当。3 号崩岗由于第 1 次扫描范围较小，在第 1 监测时段侵蚀平面分布图缺崩岗底部局部数据。在第 1、4、5 监测时段，地表下降的面积比上升的面积大，仅在中心区呈明显的条状地表下降区和崩岗沟口小范围的地表上升区。

综上所述，不同崩岗侵蚀地形变化及其平面分布差异明显，总体来说，在监测期内，不同崩岗侵蚀产生的地表下降深度或上升高度的变化主要在 0.5m 内，不同崩岗的侵蚀部位及侵蚀方式各自相对比较固定，不同崩岗侵蚀的平面分布特征可以表征崩岗微地貌的空间分异，不同监测时段崩岗侵蚀地形的变化可反映崩岗在这一时期的侵蚀地形演变特征。

4.2.2 崩岗侵蚀形态变化特征

受局部地形、地质、降雨及水文条件影响，崩岗在发育过程中会呈现不同的形态特征，如图 4-16 所示。当前研究多侧重于不同侵蚀形态崩岗的数量及规模差异，而在不同形态崩岗的侵蚀强度及趋势特征；崩岗侵蚀过程中的形态变化特征及其土壤侵蚀意义；侵蚀形态变化与侵蚀量的关系等方面还有待进一步研究。

1. 研究方法

崩岗在不同发育阶段，其主要形态、侵蚀量变化将会有所差异。通过无人机航拍获取崩岗体区域环境背景信息，并采用莱卡 HDS3000 三维激光扫描仪分别于 2015 年 6 月、10 月和 2016 年 5 月，获取 3 期崩岗体高程的点云数据，经去噪处理后，导入 ARCGIS 生成数字地面高程模型（DEM），并对其进行叠加计算等空间分析，分析不同崩岗的形态及侵蚀量变化特征。按照水力侵蚀的主要源地为崩积体，重力侵蚀一般发生在崩壁的原则，同时考虑崩岗上方汇水对崩壁的水力侵蚀及其崩积体沟蚀伴随的重力侵蚀作用。加之相邻两次监测时间间隔较大，期间侵蚀沟在崩积体上得以较好发育，因而本节研究以坡面浅沟发育的临界沟深 0.5 m 作为相邻扫描时段内多次降雨重力侵蚀的累计侵蚀深度阈值。

2. 监测点布设

在研究区五华县乌陂河流域，选择了 4 个典型崩岗开展三维激光扫描定位监测研究（图 4-17）。其 1～4 号监测崩岗，依据当地地名命名分别为：梅坑塘 1 号、梅坑塘 2 号、梅坑塘 3 号、新一村崩岗。如表 4-5 所示，所监测崩岗位于海拔 66.1～119.9 m，包括条形、弧形和爪形三种侵蚀形态，其均为中、小型崩岗。崩岗处于发育的中期，该阶段崩岗发育最为活跃，径流下切和崩塌作用相互促进，崩壁的相对高差达 13.7～37.4 m。

(a) 弧形   (b) 条形   (c) 瓢形

(d) 混合形   (e) 爪形

图 4-16　崩岗形态照片

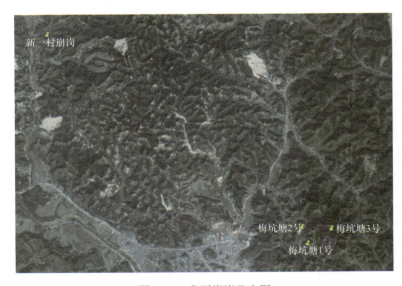

图 4-17　典型崩岗分布图

表 4-5　典型崩岗基本特征信息

编号	位置	坐标	高度/m	扫描面积/m²	汇水面积/m²	规模	形态	发育阶段
1 号	梅坑塘	24°04′10.1N 115°38′30.7E	14.5	175.0	143.1	小型	条状	中期
2 号	梅坑塘	24°04′22.1N 115°38′26.8E	40.9	1083.6	1393.7	中型	弧形	中期
3 号	梅坑塘	24°04′23.9N 115°38′27.8E	15.4	138.6	180.5	小型	条状	中前期
4 号	新寨里	24°07′4.2N 115°35′16.2E	32.8	763.9	957.27	小型	爪状	中后期

3. 条形崩岗侵蚀形态变化特征

1）梅坑塘 1 号崩岗体

梅坑塘 1 号崩岗发育于丘陵南向坡面的中上部，其全坡面长为 108 m，坡顶、坡脚海拔分别为 103.7 m、68.3 m。该崩岗以溯源发育为主，其长、宽比为 3.21～4.32，崩壁相对高度为 11.5～14.5 m，为较为典型的条形崩岗（图 4-18）。当前在崩岗外侧修建有截水沟，上方来水、来沙量较少，其上方汇水面积仅为 143.1 m²。此外，在崩岗沟道出口处修建有土质谷坊，其对崩岗泥沙具有较好的拦蓄作用。崩岗上方植被较为茂密，但临近崩岗的区域植被稀疏，主要为植株较小的马尾松。

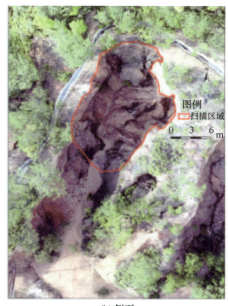

(a) 正面　　　　　　　　　　(b) 侧面

图 4-18　梅坑塘 1 号崩岗体无人机航拍照片

依据激光 3D 扫描监测数据，获取梅坑塘 1 号崩岗的三期 DEM。如图 4-19 所示，监测时段内崩岗最高点海拔高程无明显变化，而最低点沟道处，由于受谷坊拦沙影响，沟道呈现一定淤高，使得沟道高程有所增加。监测时段内崩岗体整体形态未发生明显变化，但局部受崩岗土体崩塌、堆积等因素影响，其高程亦发生一定变化。高程变化较为明显的区域主要为崩岗左侧崩壁及其下部崩积体。

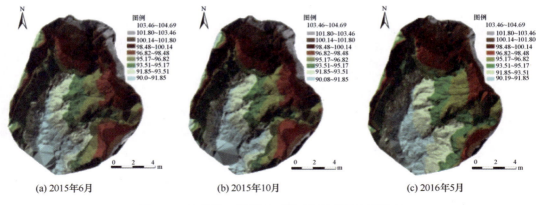

图 4-19　梅坑塘 1 号崩岗不同时段的地面高程模型

　　如图 4-20（a）所示，通过对相邻两期 DEM 进行叠加分析，获取 2015 年 6～10 月时段内梅坑塘 1 号崩岗体侵蚀总量为 11.62 t，其中重力侵蚀量为 8.46 t，水力侵蚀量为 3.16 t，侵蚀模数为 3.65 万 t/(km²·监测时段)。该时段由于雨量较小，典型重力侵蚀和水力侵蚀的面积分别仅为 5.11 m²、15.49 m²，崩岗内高程未发生变化的区域比重最大。重力侵蚀主要发育于崩壁，而水力侵蚀主要发生在崩积体上，崩壁和崩积体的土壤侵蚀量分别为 8.39 t 和 3.23 t，崩壁为侵蚀土壤的主要源地。

　　如图 4-20（b）所示，通过对相邻两期 DEM 进行叠加计算，2015 年 10 月至 2016 年 5 月的土壤侵蚀量较上一阶段明显增大，其数值为 63.76 t，其中重力侵蚀 43.76 t，水力侵蚀 20.00 t，崩岗体以重力侵蚀为主，侵蚀模数为 20.04 万 t/(km²·监测时段)。该时段内由于雨量及降雨强度均较上一阶段有所增大，崩岗侵蚀面积亦较上一时段有所增大。典型重力侵蚀和水力侵蚀的面积分别增至 26.21 m²、100.21 m²。该时段崩岗溯源侵

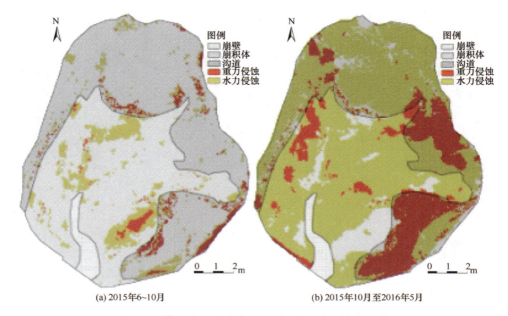

图 4-20　梅坑塘 1 号崩岗不同时段侵蚀类型空间分布

蚀较小，其重力侵蚀区域主要发生在沟道两壁，而水力侵蚀主要发生在崩积体上，崩壁和崩积体的土壤侵蚀量分别为 42.31 t 和 21.45 t，崩壁为侵蚀土壤的主要源地。如图 4-20 所示，2015 年 10 月至 2016 年 5 月的崩岗崩塌、滑落区域均要较 2015 年 6～10 月要大，而崩岗左侧区域的崩塌、滑落明显要强于崩岗右侧，这主要是由于左侧上游汇水面积大于右侧造成的。

图 4-21 为 2015 年 5～10 月、2015 年 10 月至 2016 年 5 月两个侵蚀阶段内，崩岗体不同海拔部位的侵蚀情况。监测时段内，海拔 93～96 m 区间的侵蚀量最大，分别占两个监测时段侵蚀量的 36.35%、47.05%。而海拔 102～105 m 区间的侵蚀量最小，分别占两个监测时段侵蚀量的 18.17%、2.75%。表明，崩岗侵蚀量并未随着崩壁高度的增加而增加。特别对于崩壁上方汇水面积较小的崩岗而言，崩岗中下部位由于存在一定落差，且受崩壁上方来水影响，使得该部位侵蚀量较大。

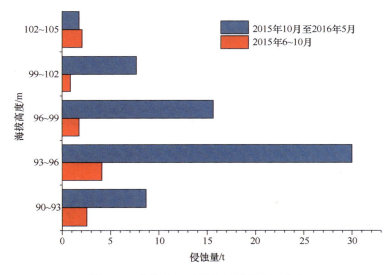

图 4-21　梅坑塘 1 号崩岗侵蚀量空间分布

2）梅坑塘 3 号

梅坑塘 3 号崩岗发育于丘陵东南向坡面的上部，坡长为 103 m，坡顶、坡脚海拔分别为 122.5 m、78.8 m。崩岗以溯源发育为主，其长宽比为 2.54～2.83，崩壁高度为 7.5～13.7 m，为较为典型的条形崩岗。由于发育于坡面上部，其上方来水、来沙量较少，其汇水面积仅为 163.6 m^2。崩岗上方植被较为稀疏，以斑块状芒萁及零星马尾松为主（图 4-22）。

依据梅坑塘 3 号崩岗的三维扫描监测数据，获取其 3 期 DEM。如图 4-23 所示，不同监测时段内崩岗最高点海拔高程均无明显变化，但由于该崩岗无谷坊的拦蓄作用，受沟道径流下切的作用，其沟道海拔高程呈现一定下降。监测时段内崩岗体整体形态未发生明显变化，但局部由于受崩岗土体崩塌、堆积等因素影响，其高程亦发生一定变化。高程变化较为明显的区域主要为崩岗沟头崩壁及其下部崩积体。

(a) 正面 (b) 侧面

图 4-22　梅坑塘 3 号崩岗体无人机航拍照片

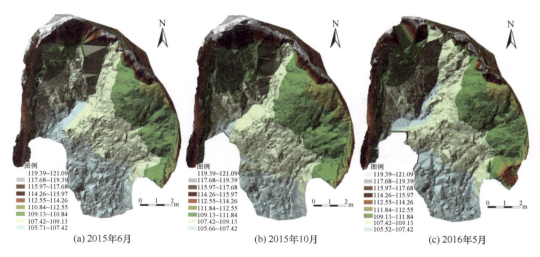

(a) 2015年6月 (b) 2015年10月 (c) 2016年5月

图 4-23　梅坑塘 3 号崩岗不同时段的地面高程模型

　　如图 4-24（a）所示，通过对相邻两期 DEM 进行叠加计算，2015 年 6～10 月监测时段内，崩岗侵蚀总量为 18.47 t，其中重力侵蚀量为 10.74 t，水力侵蚀量为 7.73 t，侵蚀模数为 5.79 万 t/（km²·监测时段）。由于梅坑塘 3 号崩岗未采取相关治理措施，加之其上方存在一定面积的汇水区，使得崩岗内侵蚀面积较大，且以水蚀为主。典型重力侵蚀和水力侵蚀的面积分别为 5.54 m²、69.98 m²。其中重力侵蚀主要发育于崩壁，而水力侵蚀主要发生在崩积体上，崩壁、崩积体及沟道的土壤侵蚀量分别为 12.17 t、5.00 t 和 1.30 t，崩壁为侵蚀土壤的主要源地。

如图 4-24（b）所示，通过对相邻两期 DEM 进行叠加计算，2015 年 10 月至 2016 年 5 月监测时段的土壤侵蚀强度明显大于前一个监测时段，其侵蚀量为 47.19 t，其中重力侵蚀 33.60 t，水力侵蚀 13.59 t，侵蚀模数为 14.79 万 t/（km²·监测时段），崩岗以重力侵蚀为主。该时段崩岗内侵蚀面积较大，典型重力侵蚀和水力侵蚀的面积分别增至 18.91、58.55 m²。崩岗体以溯源侵蚀为主，沟道右侧崩壁崩塌面积较大，而水力侵蚀主要发生在崩积体上。崩壁、崩积体和沟道的土壤侵蚀量分别为 27.59 t、14.18 t 和 5.42 t，其中崩壁为侵蚀土壤的主要源地。如图 4-24 所示，2015 年 10 月至 2016 年 5 月的崩岗崩塌、滑落区域均要较 2015 年 6~10 月要大，其亦与不同时段间的雨量差异有关。此外，其崩塌部位亦受上方地表径流汇入路径影响，就梅坑塘 3 号崩岗而言地表径流从沟头汇入，使得其以溯源侵蚀为主（图 4-24）。

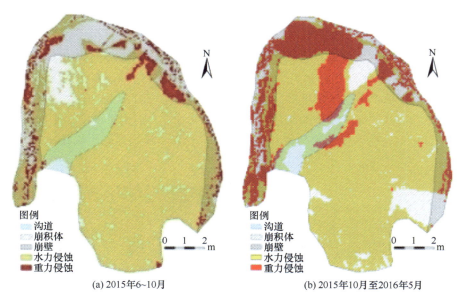

(a) 2015年6~10月　　　　　　　　(b) 2015年10月至2016年5月

图 4-24　梅坑塘 3 号崩岗不同时段侵蚀类型空间分布

图 4-25 为 2015 年 5~10 月、2015 年 10 月至 2016 年 5 月两个侵蚀阶段内，崩岗体不同海拔部位的侵蚀情况。在前一个监测时段内，海拔 108~111 m 区间的侵蚀量最大，占监测时段侵蚀量的 22.85%，海拔 114~117 m 次之，占 22.69%。在后一个监测时段内，海拔 108~111 m 区间的侵蚀量最大，占监测时段侵蚀量的 28.90%，海拔 105~108 m 次之，占 21.17 %.而海拔 111~114 m、117~122 m 区间的侵蚀量分别为前后监测时段中侵蚀量最小的区域，分别占两个监测时段侵蚀量的 12.81%、10.51%。其亦表明，崩岗侵蚀量不随崩壁高度的增加而增大。受崩岗崩壁下部径流冲刷及沟道下切影响，其崩岗下部侵蚀量较大，中、上部由于受径流影响较小，其侵蚀量相对较小。

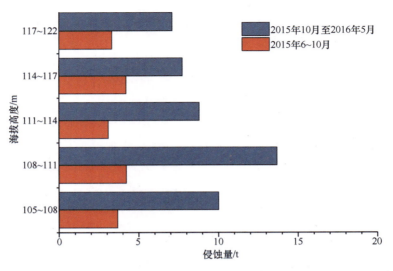

图 4-25　梅坑塘 3 号崩岗侵蚀量空间分布

4. 弧形崩岗侵蚀形态变化特征

梅坑塘 2 号崩岗与梅坑塘 3 号崩岗相邻,其发育于丘陵南向坡面的中上部,全坡面长为 115 m,坡顶、坡脚海拔分别为 103.7、68.3 m。当前阶段该崩岗崩壁为弧形,尚无沟道发育,崩积体位于中下部坡面之上。该崩岗以溯源发育为主,崩塌区域主要集中于崩岗上部弧形边缘,而下部外侧修建有谷坊,较为稳定。崩岗上部的汇水面积较大为 1393.7 m²,且无截、排水措施,使得其上方来水量较大。崩岗上部附近植被较为稀疏,有株型尚小的马尾松零星分布(图 4-26)。

(a) 侧面　　　　　　　　(b) 正面

图 4-26　梅坑塘 2 号崩岗体无人机航拍照片

依据梅坑塘 2 号崩岗的三维扫描监测数据，获取其 3 期 DEM。如图 4-27 所示，不同监测时段内崩岗最高点海拔高程均无明显变化，而由于该崩岗尚无沟道发育，其最低点为崩岗坡面下部。由于崩岗下部坡面土体受不同次降雨沉积或冲刷作用，其海拔高程会随之增加或减小。监测时段内崩岗体形态未发生明显变化，但由于崩塌、堆积及水力侵蚀的因素，其崩岗体局部高程亦发生一定变化。特别是 2015 年 10 月至 2016 年 5 月时段，崩岗右上方崩塌明显。

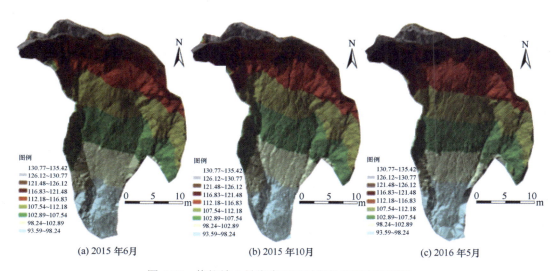

图 4-27　梅坑塘 2 号崩岗不同时段的地面高程模型

如图 4-28（a）所示，通过对相邻两期 DEM 进行叠加计算，2015 年 6～10 月的监测时段内，崩岗体侵蚀总量为 239.62 t，其中重力侵蚀量为 167.00 t，水力侵蚀量为 72.61 t，侵蚀模数为 9.67 万 t/（km²·监测时段）。由于梅坑塘 2 号崩岗上部无相关的截、排水治理措施，加之其上方汇水区面积较大，使得崩岗体内侵蚀面积较大，且水蚀所占的比重较大。典型重力侵蚀和水力侵蚀的面积分别为 166.5 m²、344.6 m²。且重力侵蚀主要发生于崩岗坡面上部的崩壁，而水力侵蚀主要发生在崩积体上，崩壁和崩积体的土壤侵蚀量分别为 185.23 t 和 54.39 t，崩壁为侵蚀土壤的主要源地。

如图 4-28（b）所示，通过对相邻两期 DEM 进行叠加计算，2015 年 10 月至 2016 年 5 月监测时段内，崩岗体侵蚀总量为 585.93 t，其中重力侵蚀量为 350.61 t，水力侵蚀量为 235.32 t，侵蚀模数为 23.65 万 t/（km²·监测时段）。由于该监测时段内，雨量较上一监测时段有所增加，使得崩岗体内侵蚀面积有所增大。典型重力侵蚀和水力侵蚀的面积分别为 195.59 m² 和 383.94 m²，且重力侵蚀主要发生于崩岗坡面上部的崩壁，而水力侵蚀主要发生在崩积体上，崩壁和崩积体的土壤侵蚀量分别为 313.51 t 和 272.42 t。由于雨量的增加，虽然崩岗侵蚀方式仍以重力侵蚀为主，且崩壁仍为侵蚀土壤的主要源地，但水力侵蚀量及崩积体侵蚀量的比重均有所增加。

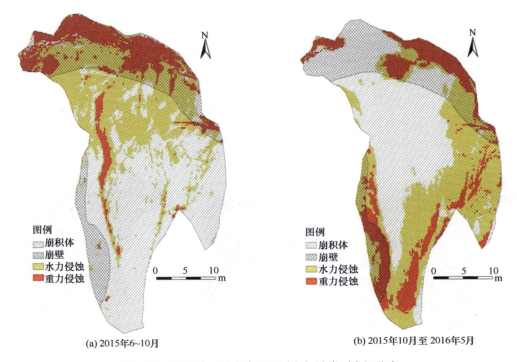

(a) 2015年6～10月　　　　　　　　(b) 2015年10月至2016年5月

图 4-28　梅坑塘 2 号崩岗不同时段侵蚀类型空间分布

　　图 4-29 为 2015 年 6～10 月、2015 年 10 月至 2016 年 5 月两个侵蚀阶段内,梅坑塘 2 号崩岗体不同海拔部位的侵蚀情况。如图 4-29 所示,在前一个监测时段内,海拔 117～125 m 区间的侵蚀量最大,占监测时段侵蚀量的 34.81%,海拔 125～136 m 次之,占 26.59%。在后一个监测时段内,海拔 101～109 m 区间的侵蚀量最大,占监测时段侵蚀量的 27.93%,海拔 93～101 m 次之,占 25.65%。而前后监测时段内,侵蚀量最小的区域分别位于海拔 93～101、125～136 m 区间,分别占两个监测时段侵蚀量的 1.45%、

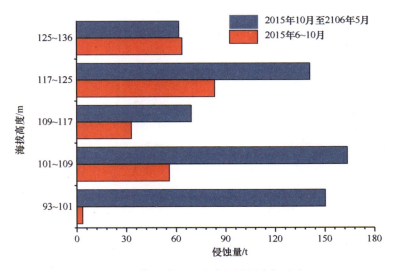

图 4-29　梅坑塘 2 号崩岗侵蚀量空间分布

10.54%。其表明，在重力侵蚀发生后，土壤侵蚀与泥沙搬运视土体侵蚀量和泥沙搬运量差异存在较大的时空异质性，其崩岗体各坡位的侵蚀侵蚀情况无明显规律。譬如在海拔 93～101 m 坡位，其侵蚀量前一阶段为最小，而后已阶段却升为第二。可见，在较长的坡面，其泥沙自上而下搬运需要较长时间，不同时段，使得坡面侵蚀强度有较大差异。且随着坡面的加长，其水力侵蚀的比重有增加的趋势。

5. 爪形崩岗侵蚀形态变化特征

新一村崩岗位于梅坑塘崩岗的西北部，其现已占据整个山体坡面，其沟头已临近分水岭，沟道已延伸至坡面底部。全坡面长为 83.6 m，坡顶、坡脚海拔分别为 100.26m、59.38 m。当前阶段该崩岗体呈现爪形，沟道发育明显，崩积体位于崩壁下侧。崩岗溯源发育及沟壁扩张均较为明显，崩塌区域主要集中于崩岗沟头及沟壁。崩岗下部原修建有土质谷坊，拦蓄了数米高的泥沙，但现由于谷坊冲毁，在淤积的土体之上已发育了一条沟深近 3 m 的沟道。崩岗上部的汇水面积为 957.27 m^2，且无截、排水措施，使得其上方来水量较大。加之谷坊的冲毁及侵蚀沟的二次下切，其崩岗侵蚀基准面降低，其崩岗重力侵蚀趋于活跃。崩岗上部附近植被较为稀疏，有株型尚小的马尾松零星分布（图 4-30）。

(a) 侧面　　　　　　　　　　　　　　　　(b) 正面

图 4-30　新一村崩岗体无人机航拍照片

　　依据新一村崩岗的 3D 扫描监测数据，获取其 3 期 DEM（图 4-31）。如图 4-31 所示，不同监测时段内崩岗最高点海拔高程均无明显变化，而崩岗沟道部分由于存在崩塌土体堆积或沟道下切现象，其最低点高程随之增大或减小。监测时段内崩岗体形态未发生明显变化，但由于崩塌、堆积及水力侵蚀的因素，其崩岗体局部高程亦发生一定变化。特别是 2015 年 10 月至 2016 年 5 月时段，崩岗沟道横向扩张明显。

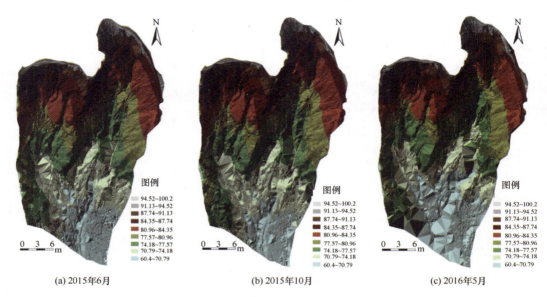

(a) 2015年6月　　　　　　(b) 2015年10月　　　　　　(c) 2016年5月

图 4-31　新一村崩岗不同时段的地面高程模型

　　如图 4-32（a）所示，通过对相邻两期 DEM 进行叠加计算，2015 年 6～10 月监测时段内，崩岗体侵蚀总量为 155.20 t，其中重力侵蚀量为 96.44 t，水力侵蚀量为 58.76 t，侵蚀模数为 9.02 万 t/（km^2·监测时段）。由于新一村崩岗原有谷坊被冲毁，致使崩岗侵蚀基准面下降，水力侵蚀面积及强度增加。典型重力侵蚀和水力侵蚀的面积分别为 64.42、331.80 m^2。且重力侵蚀主要发生于崩岗沟头附近的崩壁，而水力侵蚀主要发生在崩积体上，崩壁、崩积体和沟道的土壤侵蚀量分别为 113.60 t、37.15 t 和 4.45 t，该阶段崩壁仍为侵蚀土壤的主要源地。

　　如图 4-32（b）所示，通过对相邻两期 DEM 进行叠加计算，2015 年 10 至 2016 年 5 月监测时段内，崩岗体侵蚀总量为 311.20 t，其中重力侵蚀量为 240.10 t，水力侵蚀量为 71.10 t，侵蚀模数为 18.08 万 t/（km^2·监测时段）。该监测阶段由于雨量增大，部分崩积体在重力及上方汇水的作用下发生滑塌，使得该阶段重力侵蚀的面积大大增加。典型重力侵蚀和水力侵蚀的面积分别为 224.05 m^2、386.36 m^2。且重力侵蚀主要发生于崩壁及临近沟道的崩积体之上，而水力侵蚀主要发生在崩积体上。崩壁、崩积体和沟道的土壤侵蚀量分别为 102.35 t、187.56 t 和 21.29 t，该阶段崩积体为侵蚀土壤的主要源地。

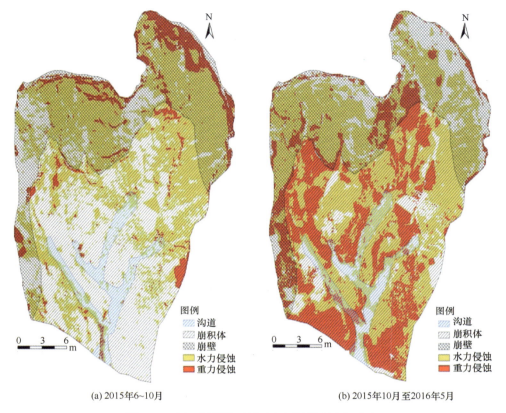

(a) 2015年6~10月　　　　　　　　　(b) 2015年10月至2016年5月

图 4-32　新一村崩岗不同时段侵蚀类型空间分布

图 4-33 为 2015 年 6~10 月、2015 年 10 月至 2016 年 5 月两个侵蚀阶段内，新一村崩岗体不同海拔部位的侵蚀情况。如图 4-33 所示，在前一个监测时段内，海拔 73~79 m 区间的侵蚀量最大，占监测时段侵蚀量的 30.56%，海拔 91~101 m 次之，占 20.30%。

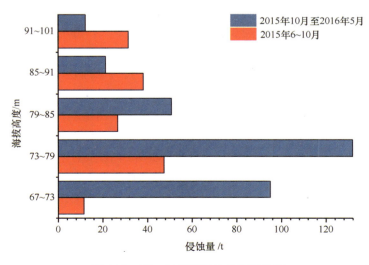

图 4-33　新一村崩岗侵蚀量空间分布

在后一个监测时段内，亦为海拔 73～79 m 区间的侵蚀量最大，占监测时段侵蚀量的 42.38%，海拔 67～73 m 次之，占 30.53%。前后监测时段内，侵蚀量最小的区域分别位于海拔 67～73、91～101 m 区间，分别占两个监测时段侵蚀量的 7.38%、3.92%。可知，新一村崩岗侵蚀空间分布与梅坑塘 2 号崩岗类似，其崩岗坡面侵蚀、产沙存在较大的空间差异，在崩岗坡面较长时，其下部土壤侵蚀所占比重较大。

综上分析，本研究以 0.5 m 作为重力侵蚀在一定时段内的累计临界侵蚀深度。依据水力、重力侵蚀的土体累计剥离深度差异，对崩岗体水力、重力侵蚀进行划分。在 2015 年 6～10 月监测时段内，梅坑塘 1 号、2 号、3 号和新一村崩岗的水力侵蚀量、崩积体侵蚀量分别为 3.16 t、3.23 t，72.61 t、54.39 t，7.73 t、5.00 t，58.76 t、37.15 t。在 2015 年 10 月至 2016 年 5 月监测时段内，梅坑塘 1 号、2 号、3 号和新一村崩岗的水力侵蚀量分别为 20 t、21.45 t、235.32 t 和 272.42 t，崩积体侵蚀量分别为 13.59 t、14.18 t、71.1 t 和 187.56 t。可见，除新一村崩岗在 2015 年 10 月至 2016 年 5 月时段，由于期间雨量较大，部分崩积体亦出现重力侵蚀，使得该阶段的崩积体侵蚀量远大于崩岗水力侵蚀量外，其余崩岗水力侵蚀量与崩积体侵蚀量均较为一致。其划分结果与水力侵蚀主要发生于崩积体之上，崩积体的主要侵蚀方式为水力侵蚀的研究结果一致（蒋芳市，2013）。可见，采用以 0.5 m 作为该监测时段内的重力侵蚀临界侵蚀深度，能较好地区分水力侵蚀与重力侵蚀。

由以上监测结果可知，各崩岗的土壤侵蚀模数均较大。其原因为 2015 年 6 月至 2016 年 5 月监测时段内，崩岗的监测区域多为崩岗上部，侵蚀较为活跃的区域，而非崩岗的全部。加之本研究所监测的崩岗均处于重力侵蚀较为活跃的发育阶段，因而致使计算出的崩岗侵蚀量均较大。

6. 崩岗形态特征与侵蚀强度关系

1）崩岗崩积体坡长

侵蚀坡面坡长关乎坡面汇流量及流速大小，对坡面侵蚀，特别是水力侵蚀具有重要影响。通过三次实地量测，其崩积体坡长范围变化不大，梅坑塘 1 号、2 号、3 号和新一村的崩岗崩积体最大坡长分别为 5.5 m、35.6 m、6.6 m 和 9.2 m，其水蚀比重分别为 30.72%、37.30%、32.47% 和 27.84%。崩积体坡长与水蚀强度呈现较好的正相关关系（$r=0.83$），表明长坡面更利于坡面径流的汇集及侵蚀，且在上方汇水面积相同的情况下，坡长越大，其水力侵蚀所占的比重越大。此外，由于崩岗重力侵蚀的随机性比较大，使得某些时段水力侵蚀量甚至与重力侵蚀量接近。梅坑塘 1 号、2 号、3 号和新一村的崩岗崩积体的面积亦与崩岗水力侵蚀所占比重存在较好的正相关关系（$r=0.74$），其亦印证了崩积体是崩岗水力侵蚀的主要源地。除坡长外，其上方来水、来沙亦对崩岗水蚀量具有较大影响。当上方汇水面积较大时，其崩岗上方来水亦随之增大，径流对崩岗侵蚀的影响亦相应增大。崩岗上方汇水区面积与崩岗侵蚀量具有较好的相关关系，其相关系数为 0.94。可见，崩积体坡长及上方汇水面积均可对崩岗水力侵蚀强度具有一定指示作用。

2）崩岗崩壁高度

崩壁高度决定了崩岗出露于沟道的土体数量，若崩壁越高，其沟道之上出露的土体数量越大。通过三次实地量测，崩岗最高点海拔均无变化，而最低点沟道处随径流下切或泥沙淤积呈现小幅变化。总体而言，在监测时段内崩岗崩壁高度无明显变化。通过实地量测，梅坑塘 1 号、2 号、3 号和新一村崩岗崩壁的最大相对高度分别为 14.5 m、40.9 m、15.4 m 和 32.8 m。将崩壁高度与崩岗重力侵蚀量、崩壁侵蚀量进行相关分析发现，其相关性不强，且呈现一定负相关关系（$r=-0.39$、$r=-0.51$）。原因有二：一是重力侵蚀受多方面影响，其机理极为复杂，且崩岗重力侵蚀的随机性较大，崩壁高度对侵蚀强度的影响未能显现。二是崩壁高度是一个现状量，崩岗发育程度越高，其产生的崩壁越高，特别是崩岗发育后期，虽然崩壁高度较大，但其崩壁已处于相对稳定的阶段。因而单凭崩壁高度并不能很好的指示崩岗重力侵蚀发生的概率及其侵蚀强度。

3）崩岗沟道长宽

崩岗沟道的长、宽分别反映其溯源侵蚀与沟壁崩塌的程度，可表征崩岗历史土壤侵蚀量大小，亦可指示了崩岗的发育现状与规模。除梅坑塘 2 号崩岗尚未有沟道发育外，其余崩岗均发育有较为典型的沟道。在监测时段内崩岗沟道长、宽无明显变化，沟头及沟壁的扩张速度有限。梅坑塘 1 号的沟道长为 32.2 m，宽为 8.5～9.3 m，沟道比降 9.94%；梅坑塘 3 号的沟道长为 18.5 m，宽为 7.8～9.5 m，沟道比降 17.84%；新一村崩岗的沟道长为 77.3 m，宽为 1.5～9.9 m，沟道比降 26.46%。就沟道长、宽而言，其崩岗沟道的发育规模顺次为新一村、梅坑塘 1 号、梅坑塘 3 号。此外，崩岗沟道长度与其所在坡面坡长的比值亦可表征沟道发育程度及发育潜力，梅坑塘 1 号、3 号及新一村的崩岗沟道长度与其所在坡面坡长的比值分别为 29.81%、17.96%、92.42%，表明新一村崩岗的沟道发育已较为完备，其沟道几乎占据整个坡面。依照上述监测指标，其崩岗沟道的发育程度顺次为新一村、梅坑塘 1 号、梅坑塘 3 号。由前侵蚀强度分析可知，整个监测时段崩岗侵蚀强度自强而弱依次为，新一村、梅坑塘 1 号、梅坑塘 3 号。可见，虽然同一崩岗在监测时段内沟道长、宽无明显变化，但不同崩岗间其沟道长、宽差异明显，特别是崩岗沟道长度与其所在坡面坡长的比值，可有效表征沟道发育程度及上方汇水面积。

4）坡度

坡度是衡量坡面陡缓变化幅度的有效指标，在坡面水侵蚀过程中扮演重要角色。如表 4-6 所示，不同监测时段内，各崩岗坡度均呈现一定的变化，且整体变化趋势相同，其坡度从大到小的顺序均呈现梅坑塘 1 号>新一村>梅坑塘 3 号>梅坑塘 2 号。各崩岗均呈现崩壁坡度>崩积体坡度>沟道坡度，且所监测崩岗间的坡度差异显著，而同一崩岗不同时段间的坡度差异不显著，表明在较短时段内崩岗的坡度形态变化较小，而不同崩岗的坡度形态差异较大。现有研究认为坡面土壤侵蚀量随着坡度的增加呈现持续增大（Zingg，1940）或存在临界坡度，侵蚀量呈现先增大后减小（Yair，1973）

等现象。将不同监测时段的崩岗坡度与其对应侵蚀强度进行相关分析发现，崩岗坡度与侵蚀总量、水力侵蚀量均呈负相关，其相关系数分别为–0.69、–0.71。其可能缘于崩岗坡度数值可能已超过坡面侵蚀的临界坡度，监测时段内梅坑塘 1 号、2 号、3 号及新一村崩岗的平均坡度分别达到 56.7°、44.1°、49.2°、51.9°。此外，通过对崩岗不同部位坡度与该部位重力侵蚀量进行相关分析发现，坡度与重力侵蚀量的相关性不显著。可见，坡度数值可在一定程度上指示水力侵蚀的强度，而重力侵蚀随机性较大，受坡度影响较小，坡度对崩岗重力侵蚀的指示作用不明显。

表 4-6　不同监测时段崩岗坡度变化

时间（年-月）	崩岗部位	坡度/(°)			
		梅坑塘 1 号	梅坑塘 2 号	梅坑塘 3 号	新一村
2015-6	崩壁	61.78	55.17	76.56	58.19
	崩积体	52.56	39.32	38.55	46.97
	沟道	24.9	—	43.04	49.55
	全崩岗	56.55	44.22	48.73	51.63
2015-10	崩壁	61.97	54.71	76.25	58.02
	崩积体	54.19	40.76	39.09	48.28
	沟道	33.72	—	46.28	48.44
	全崩岗	57.65	45.08	49.79	52.2
2016-5	崩壁	61.38	51.42	71.8	59.17
	崩积体	50.69	39.21	40.27	47.61
	沟道	36.39	—	39.64	42.17
	全崩岗	55.81	43.0	48.98	51.9

4.3　崩岗侵蚀发育演变过程的关键驱动因素

4.3.1　崩岗侵蚀发育的环境基础

1. 区域环境条件

1）地质地貌

五华县主要有山地、丘陵和盆地三大地貌，其中山地占 49.1%，丘陵占 41.3%，河谷占 5.4%，盆地占 4.2%。西、南、东三面环山，地势由西南向东北倾斜，按地形分为西部山地盆地区、东南山地丘陵区、北部丘陵区和中部河谷平原区。境内山脉多属东北至西南走向，主要由莲华山脉、西部山峰和北部低山组成，最高峰为西部的七目嶂，海拔 1318m。丘陵集中分布在东南部和北部，大部分丘陵海拔在 300m 以下。在地质构造上，五华县位于华南准台地的东南沿海断褶带内，经历多次构造运动，各类构造体系在空间展布上规律较明显，形成以北东向构造为主，北北西向、近东西向构造为辅的构造体系格局，北东向莲花山深断裂带控制。有研究认为，五华县崩岗侵蚀的发育规律与构造应力有关（祝功武，1991），通过五华县北部 178 处崩岗进行统计分析，发现崩岗侵蚀发育存在北东东和北北西两个优势方向，这两个优势方向由区域构造应力场最大剪切应力决定，在剪切应力作用下，五华北部岩石普遍存在两组北北西和北东东剪切裂隙，这使径流易于渗入，岩石易于风化，风化壳相对深厚，则崩岗侵蚀就易于沿这两组方向发育。江金波（1995）在德庆、五华的野外观察也证明，剪切裂隙可控制崩岗侵蚀走向，大的崩岗侵蚀往往出现在裂隙十分发育、特别是裂隙交汇处。

五华崩岗侵蚀发育与本区花岗岩风化壳有密切关系。根据五华县 1：20 万地质图，五华县境内地层主要包括震旦系，志留系、泥盆系、侏罗系等，岩浆活动剧烈，侵入岩以花岗岩类为主。因此，五华县境内花岗岩广布。本节研究通过野外勘察调查发现，在五华县北部华城镇一带花岗岩丘陵区，崩岗侵蚀十分发育，不少地方可见数个崩岗连成一片，形成大范围的崩岗群。有文献报道，花岗岩在风化过程中，不受岩层组合结构的限制和不稳定矿物含量较高等内因的影响，形成的风化壳十分深厚，一般在 10～20m 以上，甚至 40～50m（古丽霞，2010）。五华崩岗侵蚀发育地区多为花岗岩分布区，花岗岩多属黑云母质，有发达的原生和次生垂直节理，既有利于风化壳的纵深发育，也有利于水流下渗，并在地势反差与下切增大时，促使土体朝向不稳定发展，强烈的风化作用使花岗岩风化壳往往厚达十米至几十米（江金波，1995）。深厚的花岗岩风化壳为本区崩岗侵蚀的发育提供了良好的物质基础。李思平（1991）从地质角度提出广东省崩岗发育的两个特点，其中一个特征就是母质岩为花岗岩类岩石，且风化壳为 20～40m，风化壳形成于上新世纪更新世之间，目前仍继续进行着红土化作用。

五华崩岗分布与本区地貌有关。本研究野外勘察调查表明，五华县崩岗大多分布在海拔 100～300m 的低山丘陵上。五华县低山丘陵区集中分布在县境东南部和北部，大部分丘陵海拔在 300m 以下，东南部低山丘陵区主要包括棉洋、双华、郭田镇和龙村、梅林、安流、河东等镇的一部分，北部丘陵区包括岐岭镇和华城、转水、水寨等镇的一部分，两区分布的崩岗数量分别占全县的 35.7%、39.1%，崩岗面积分别占全县的 44.5%、27.6%。有不少研究认为，崩岗分布有一定的海拔范围。李思平（1991）提出的广东省崩岗发育的另一个特点是，海拔在 100m 以内、相对高差约 100m 的低山陵区。祝功武（1991）的研究也发现，五华崩岗分布与构造地貌有关，崩岗分布高程上、下限基本有两个区间，分别在 120～140m 和 140～200m，这两个区间的崩岗占总数的 86%。江金波（1995）认为，崩岗分布较集中于海拔低于 100～200m 的低山丘陵，这些地区有利于厚层风化壳的保存。刘希林和连海清（2011）在五华县等多个崩岗密集分布区发现，多数崩岗分布在相对高程 200m 之内。

2）气候

五华县崩岗侵蚀发育的动力条件是本区高温、多雨的气候条件。降雨是崩岗侵蚀发育极其重要的动力条件。有文献报道，南方崩岗侵蚀主要发生在年雨量 1400～

1600mm 等雨量线的区域内，大规模的侵蚀过程常常与高强度降雨密切联系（牛德奎等，2000）。温度对崩岗侵蚀发育也有重要的作用，高温环境有利于风化壳的发育。牛德奎等（2000）通过分析崩岗侵蚀与温度的关系得出，崩岗侵蚀严重发生区域位于我国年均温 18℃ 的等温线以南的范围。五华县北回归线横跨县境南端，属中低纬度南亚热带季风性湿润气候，日照充足，雨水充沛，多年平均气温 21℃，多年平均降水量 1514.7mm。降雨年内分配不均，全年有 76% 的雨量集中于 4～9 月，干湿季差异明显，受锋面雨及台风雨等的影响，雨季常出现暴雨。据赵立（2015）对五华县近 59 年暴雨变化的分析，五华县年平均暴雨 6.2 天，全年任何月份均可出现暴雨，但主要集中在 4～9 月。五华县终年高温、多雨的条件，极利于花岗岩的风化发育。由于降雨丰富、集中，暴雨强度大，降雨侵蚀力强，为崩岗侵蚀发育提供了必要的侵蚀动力条件。

3）植被

植被具有截留雨水、减缓径流速度、固结土壤和促进土壤团粒形成的作用。良好的植被可以缓和气候、地形对土壤侵蚀的影响。五华县植被顶级群落是亚热带常绿季雨林，但目前自然林已大大减少。从中国植被分布图可见，五华县境内植被覆盖较高的区域仅在西部和东部山区，低山丘陵区普遍植被覆盖率低。在崩岗分布的低山丘陵区，常见的地表植被群落为稀疏马尾松-桃金娘-芒萁群落、岗松-芒萁群落、稀疏马尾松-岗松-鹧鸪草群落，还有一定面积无植被覆盖的光板山。现存的马尾松林受本区土壤瘠薄的影响，往往因生长不良而成为当地俗称的"小老头树"。本区植被由顶级群落向低级群落的演替，促进了崩岗侵蚀的发育，其中，人为活动起着重要作用。人为活动对植被演替的影响，主要有三方面，一是长期的砍伐和破坏，早期在 1958 年、1968 年和 1978 年，分别有 3 次群众性的乱砍滥伐和顺坡耕作（杨永欢，2011）；二是人口急增造成的水土资源矛盾，人们盲目向山要粮，导致不合理的垦殖；三是开发建设毁林用地，或需木料而砍伐，进一步加快植被破坏。由于植被的人为破坏，五华的水土流失一直较严重。根据不同时期的普查数据，五华县的水土流失及崩岗侵蚀在不断发展。1950 年普查，全县水土流失面积为 681. km²，其中崩岗侵蚀 68.1 km²；1983 年普查，全县水土流失面积为 875.83 km²，其中崩岗侵蚀 72.37 km²；1999 年水土流失面积 541.60km²，其中崩岗面积 190.02 km²（钟子知等，1995；杨永欢，2011）。可见，破坏植被是导致崩岗侵蚀发育的重要诱发因素，植被通过人类活动影响崩岗侵蚀发育。

2. 典型崩岗侵蚀发育的主导环境因素

本研究以五华县华城镇崩岗为典型崩岗。华城镇位于 115°35′E～115°39′E，23°57′N～24°09′N，是五华县核心区，辖区面积 247.48km²，2017 年底，全镇总人口 16.8 万多人，其中城镇人口 8 万多人。华城镇四面环山，地貌有低山、丘陵和盆地，东北部、西南部、南部是森林分布集中的丘陵山区，中部为沿江丘陵盆地，全镇海拔在 110～520m 之间，地面坡度在 68° 以下（图 4-34），其中海拔主要在 110～200m 之间，占 71.8%，其次是 200~300m 之间，占 24%，300m 以上的仅占 4.2%。从地形坡度分布来看，<10°的土地面积占 36.1%，10°~20°的占 31.5%，20°~30°的占 23.2%，>30°的面积占 9.1%，不同海拔和坡度的土地面积分布见图 4-35。华城镇崩岗侵蚀严重，据五华县水土保持试验推广站提供的数据，华城镇崩岗数量 5700 个，面积 24.7 km²，崩岗侵蚀面积占辖区国土面积的 10%，崩岗数量占全县崩岗总数的 26%，崩岗面积占全县崩岗面积的 13%，无论是崩岗数量还是面积均居全县之首。为了解研究区崩岗发育与地理环境要素的关系，探讨影响本区崩岗侵蚀发育的主导环境因素，本研究利用华城镇的遥感影像，结合 arcGIS 软件，采用图斑勾绘和实地抽样复核的方法，统计分析本区崩岗侵蚀的分布及其与环境因素的关系。

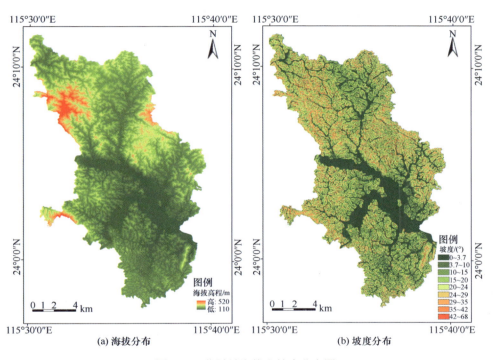

图 4-34　华城镇海拔和坡度分布图

1）分布特征

根据遥感影像图斑勾绘结果，共勾绘出华城镇崩岗图斑 837 个，崩岗数量为 837 个，崩岗面积 489.92hm²，占华城镇土地面积的 2.1%，与五华县水土保持试验站提供的数据相比，崩岗数量和面积分别占全镇崩岗数的 15%、崩岗总面积的 20%。勾绘的图斑主要集中分布在华城镇的东偏北区域和东部边缘，少数散布在东南边缘和西南局部区域，如图 4-36 所示。

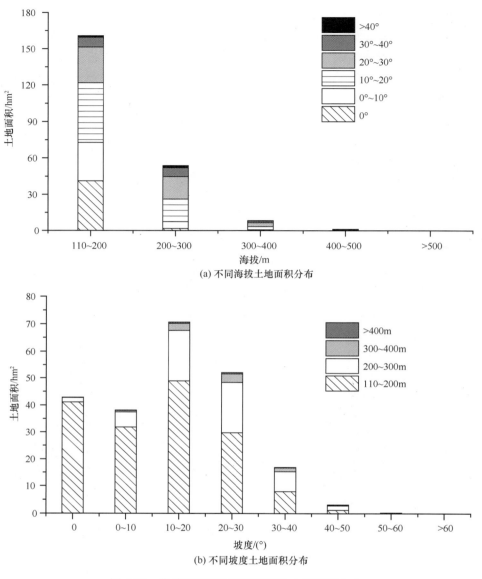

(a) 不同海拔土地面积分布

(b) 不同坡度土地面积分布

图 4-35　华城镇不同海拔和坡度的土地面积分布

根据崩岗图斑统计，华城镇崩岗面积为 45～108851m²，其中面积≥3000m² 的大型崩岗有 369 个，占总数的 44%；面积为 1000～3000m² 的中型崩岗有 290 个，占总数的 35%；面积<1000m² 的小型崩岗有 180 个，占总数的 21%。可见，华城镇崩岗数量以大型崩岗占多数，其次是中型崩岗，小型崩岗较少。大型、中型和小型崩岗的分布面积分别为 426.5hm²、52.8 hm² 和 10.6 hm²，分别占崩岗总面积的 87.1%、10.8%和 2.2%。根据崩岗分布的海拔、坡度和坡向统计，这些崩岗主要分布在海拔 120～300m 之间和坡度 50°以下的区域，崩岗坡向在各个方位均有，但以北偏东 30°至南偏西 20°之间的坡向居多，如图 4-37 所示。华城镇崩岗的分布与该镇的地形特征有关，华城镇的地势北高南低，地势较高的区域主要分布在西北的中部，地势较低的区域主要集中在中部和南部，

在东偏北区域,海拔为 100～300m,这个区域就是崩岗的集中分布区。从地面坡度来看,崩岗分布的坡度范围集中在 38°以下,崩岗集中分布区地面坡度主要在 15°～35°之间。因此,华城镇崩岗主要分布在一定的海拔和坡度范围。

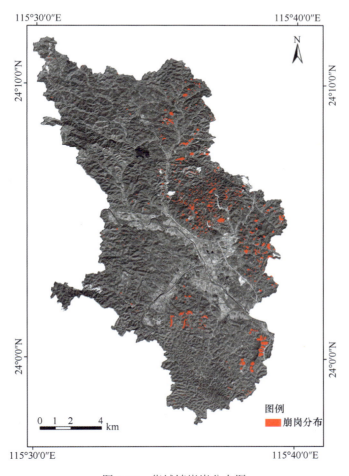

图 4-36　华城镇崩岗分布图

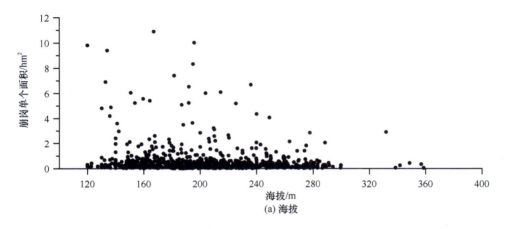

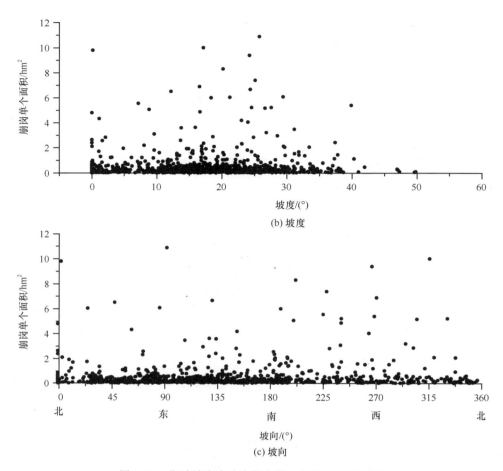

(b) 坡度

(c) 坡向

图 4-37 华城镇崩岗分布的海拔、坡度范围和坡向

2）崩岗侵蚀分布与地形的关系

（1）崩岗侵蚀分布与海拔的关系

华城镇崩岗数量和面积分布与海拔的关系如图 4-38 所示。从图 4-38 可以看出，崩岗无论是数量，还是面积，绝大多数均集中分布在海拔 100～300m 之间，其中在海拔 100～200m 与 200～300m 之间分布的崩岗数量相近，分别占总量的 50.2%和 49.1%；但分布面积则以较低海拔的大，海拔 100～200m 崩岗面积占总量的 58.7%，海拔 200～300m 高程崩岗面积占总量的 40.5%，分布在海拔 300～400m 的崩岗只有极少数，而在海拔 100m 以下和 400m 以上，则基本上无崩岗侵蚀分布。可见，崩岗侵蚀的分布有特定的海拔。根据华城镇海拔分布面积的统计，海拔 100～300m 的区域面积占全镇国土面积的 86.7%，崩岗侵蚀主要发育在这个海拔范围的区域内。崩岗规模的大小与海拔无直接的关系，无论是大型崩岗、中型崩岗，还是小型崩岗，在海拔 100～300m 之间均有分布，而且不同规模崩岗侵蚀分布数量在海拔 100～200m 和 200～300m 之间的数量相当。在分布面积上，大型崩岗大多数分布于海拔 100～200m。

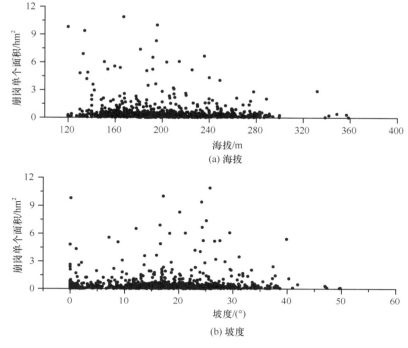

图 4-38　崩岗侵蚀分布与海拔的关系

（2）崩岗侵蚀分布与地形坡度的关系

崩岗个数和面积与地形坡度的关系如图 4-39 所示。华城镇地形坡度在 68° 以下，从图 4-39 可知，崩岗侵蚀分布主要集中在 40° 以下坡度，其中 92.1% 的崩岗侵蚀分布在 30° 以下坡度，在不同坡度中，又以 10°～20° 为最多，20°～30° 次之，在 40°～50° 坡度只有少量崩岗侵蚀分布。不同规模的崩岗在不同坡度分布的数量亦无明显差异，但面积较大的崩岗在坡度 20°～30° 分布的最多，其次是在 10°～20° 坡度。因此，崩岗规模不受地形坡度的控制。

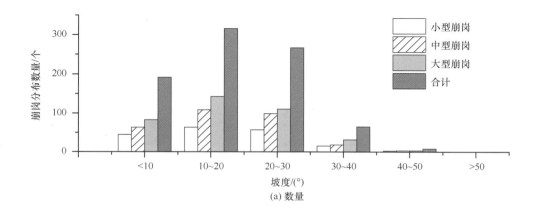

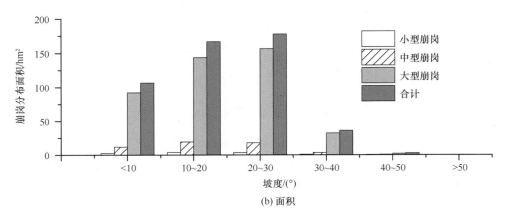

(b) 面积

图 4-39　崩岗侵蚀分布与地形坡度的关系

（3）崩岗侵蚀分布与坡向的关系

华城镇的崩岗侵蚀有不同的坡向，如图 4-40 所示，其中崩岗的数量与坡向有关，在南北向以东方位分布的崩岗数量较多，在南北向以西方位分布的崩岗数量较少，其中又以东坡分布的崩岗个数最多，其次为东南向。不同坡向的崩岗普遍以小型崩岗最少，中型崩岗次之，以大型崩岗数量最多。在东坡向，以中型崩岗分布最多。崩岗面积分布以东坡、东南坡和南坡为主，三者分布的崩岗面积大致相同。

综上所述，华城镇的崩岗分布有特定的海拔和地形坡度，其中海拔在 100～400m 之间，地形坡度在 40°以下，在此海拔和坡度范围外，基本上无崩岗侵蚀发育，其中 99%的崩岗集中分布在海拔 100～300m 之间，92%的崩岗集中分布在地形坡度 30°以下。根据华城镇海拔分布面积的统计，海拔 100～300m 且地形坡度在 30°以下的区域面积占全镇国土面积的 79.3%，崩岗主要发育在这个区域范围内。

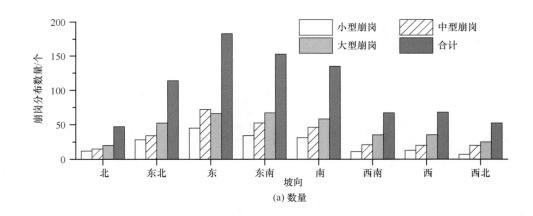

(a) 数量

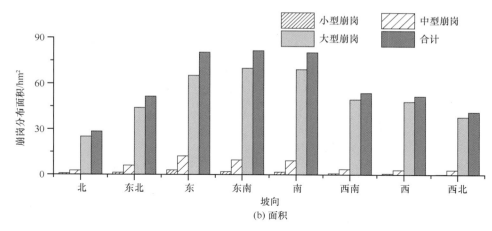

图 4-40　崩岗侵蚀分布与坡向的关系

3）崩岗侵蚀分布与地质的关系

典型崩岗区华城镇地势起伏和缓，山丘零星破碎，海拔为 200～400m，地势西北高，东南低。地貌主要受五华大断裂横向控制，表现为沿上游至下游形成了阶梯状低山、丘陵、台地地貌。地貌基本轮廓定型于侏罗纪末的燕山运动，山川展布均受这一构造骨架控制，在这一构造运动的作用下，表现为大面积的间歇性隆起，形成侵入构造中的低山丘陵地貌。根据实地调查勘察，五华县北部华城镇域内崩岗十分发育，大部分崩岗都成群分布。本节研究定点监测的典型崩岗均位于华城镇，其中 1～3 号崩岗位于华城镇东侧梅坑塘一带，4 号崩岗位于西北侧五华河上游新一村。根据五华县 1∶20 万地质图（广东省地质局综合研究大队，1966），华城镇出露地层主要有燕山侵入旋回第一侵入期花岗岩和下古生界变质岩、变质页岩及少量硅质岩和中生界侏罗系下统砾岩、砂岩含砾、粉砂岩、碳质页岩及砂质页岩（图 4-41），典型崩岗 1～3 号所在区域出露的是下古生界志留系的变质砂岩、变质页岩及少量硅质岩，4 号崩岗所在区域出露的是中生界侏罗系燕山侵入旋回第一侵入期花岗岩。岩石在长期温暖湿润的南亚热带气候条件影响下，风化强烈，形成深厚的风化壳，长期的风化作用使岩石矿物组成和结构都发生了很大的变化，由坚硬致密的岩石风化为沙-土碎屑混合体。1～3 号和 4 号崩岗分别发育于不同时期的变质砂岩和花岗岩，风化壳明显表现出两种不同的颜色，前者呈红色，后者呈灰白色（图 4-42）。从崩岗的侵蚀现状来看，前者侵蚀产生形成的冲积扇颗粒较细甚至呈淤泥状，而后者形成的冲积扇为一层粗沙，在监测期后者的侵蚀强度似乎更大，更容易产生水力作用的二次侵蚀。据文献报道（谢小康和范国雄，2010），这种呈灰白色的花岗岩风化壳，属中粒斑状黑云母花岗岩。4 号崩岗的母岩即为细粒黑云母花岗岩。

4）崩岗侵蚀分布与降雨的关系

本章研究收集崩岗监测期 2015～2017 年五华县水土保持试验推广站自记雨量计观测数据，分析崩岗侵蚀与降雨的关系。自计雨量计安置点距离定位观测崩岗平均 2.9km。

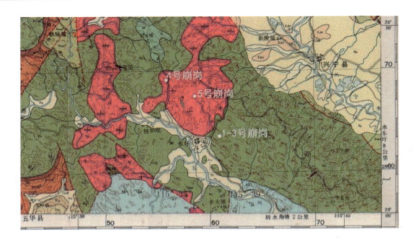

图 4-41　五华县华城镇地质图

(a) 2号崩岗

(b) 4号崩岗

图 4-42　不同时期岩石发育的崩岗

2015～2017 年雨量分别为 1685.2mm、2640.2mm、1062.8mm。五华县属南亚热带季风湿润气候，根据 1957～2008 年降雨数据统计，五华县多年平均雨量为 1514.7mm，雨量年内分配不均，主要集中在 4～9 月，该时期雨量约占全年雨量的 76%（钟美英和李凤梅，2010）。多年平均暴雨日数为 6.2 天，暴雨亦集中在 4～9 月，该时段暴雨日数占全年的 79.9%（赵立，2015）。对比多年平均雨量，2015 年和 2016 年雨量为偏多年份，年雨量比多年平均分别增加了 11.3% 和 62.4%，2017 年雨量为偏低年份，比多年平均减少了29.8%。各年度雨量的年内变化如图 4-43 所示，2015 年、2016 年和 2017 年 4～9 月雨量分别占全年雨量的 79.3%、58.0%、77.0%，其中，2016 年 4～9 月雨量较常年明显偏少；年暴雨日数分别为 6 天、10 天和 3 天，与多年平均暴雨日数相比，2016 年和 2017年分别偏大和偏小。

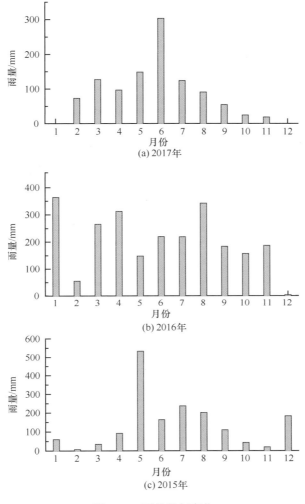

图 4-43　雨量的年变化

　　按照崩岗监测时段，统计不同监测期相应降雨时段的降雨特征值，结果见表 4-7。从表 4-7 可见，不同监测时段雨量差异明显，第 2 监测期最大，其次是第 3 监测时段，最小是第 4 监测时段，最大时段雨量是最小的 2.5 倍，各时段日平均雨量为 11～14mm，差异不大。值得注意的是，在第 2 监测时段以旱季为主，但雨量却最大，其中旱季 10 月～次年 3 月的雨量占该时段降雨总量的 72.4%，日雨量>10mm 的雨量亦以第 2 监测期的最大，其他降雨特征如时段降雨日数、最大日雨量、暴雨日数等，第 2 监测时段均较大。因此，第 2 监测时段不具旱季的特征。从各时段平均雨强来看，以第 3 监测时段最大，其次是第 1、5 监测时段，第 2、4 监测时段的最小，符合各时段雨、旱季的特征。根据 2015 年雨量的统计分析，在崩岗监测前期的半年内，即 2015 年 6 月 27 日之前，雨量为 892mm，主要集中在 5 月，该月雨量占该时段降雨总量的 60%，6 月的雨量次之，其余月雨量均较小。

表 4-7　崩岗不同监测时段的降雨特征值

监测时段 （年月日）	雨量/mm	降雨日数 /d	最大日雨量 /mm	日雨量>10mm		日雨量>50mm		平均雨强/mm/h
				日数/d	雨量/mm	日数/d	占全年/%	
20150627~ 20151027	590.6	46	59.8	21	524.2	3	28.5	6.1
20151027~ 20160504	1224.6	87	88.6	36	1048.6	5	28.1	3.0
20160504~ 20161021	1149.8	89	112.8	31	920.6	4	27.9	7.2
20161021~ 20170407	492.6	43	73.8	14	413.6	2	29.2	2.6
20170407~ 20170923	815.4	77	82.4	22	678.5	3	25.9	5.7

　　各时段雨量的变化如图 4-44 所示。在第 1 监测时段，日雨量>20mm 的主要分布在前半段，后半段日雨量均<20mm；在第 2、3 监测时段，日雨量>20mm 的日数分别占全时段的 28.7%、16.9%、19.5%，雨量则分别占全时段 75.6%、58.1%、71.4%；在第 4 监测时段，日雨量>20mm 的主要集中分布在前期和后期，中期雨量较小。

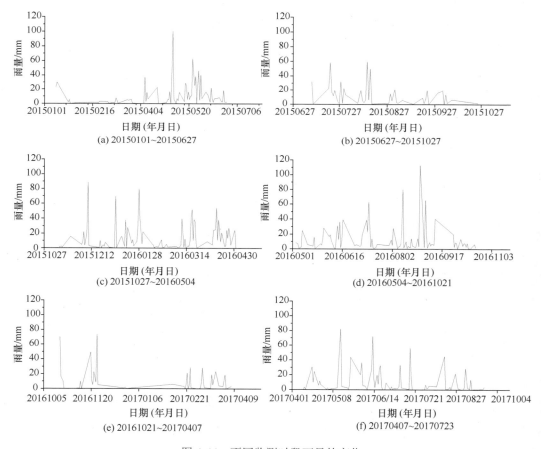

图 4-44　不同监测时段雨量的变化

　　利用各监测时段雨量和平均雨强分别与崩岗侵蚀量进行回归分析，结果表明，不同崩岗侵蚀量与雨量之间线性拟合未通过显著性检验，而与平均雨强则呈指数关系（$R^2>0.8116$）。不同时段崩岗侵蚀量与雨量和平均雨强的关系如图 4-45 和图 4-46 所示。

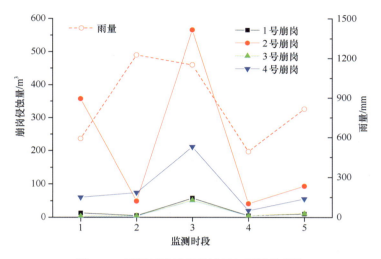

图 4-45　不同时段崩岗侵蚀量与雨量的变化

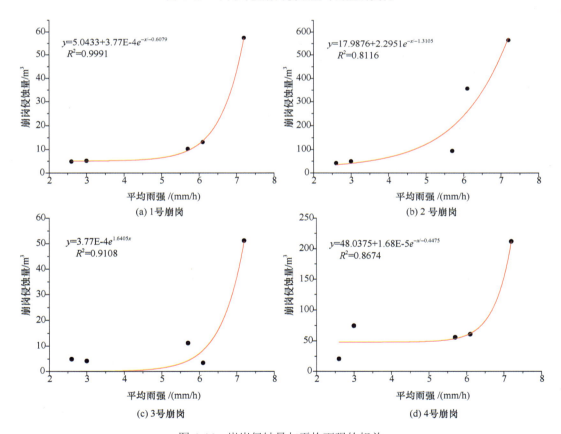

图 4-46　崩岗侵蚀量与平均雨强的相关

从图中可见，崩岗侵蚀量除第 2 监测时段外，其余时段的侵蚀量基本上与雨量的变化趋势类似，侵蚀量随雨量的增大而增大（图 4-45）；崩岗侵蚀量随平均雨强的增大呈指数上升（图 4-46），从不同崩岗拟合结果可知，1 号崩岗拟合的相关系数最大。

降雨被认为是土壤侵蚀的主要驱动力。一方面，降雨通过雨滴溅蚀使地表土壤产生分离、剥蚀，另一方面，形成径流冲刷使地表土壤被搬运而发生输移。张淑光等（1993）认为，降雨形成的地面径流是造成土壤侵蚀的主要营力，又是造成重力侵蚀滑坡、滑塌的主要因素，并以 2 个崩岗试验场 7 年观测资料，对土壤侵蚀量、雨量和降雨强度之间的关系进行回归分析，结果表明，崩岗侵蚀量随雨量与降雨强度的增大而增大，而且雨量较降雨强度对崩岗侵蚀量的影响要大。本研究近 3 年、5 个时段的监测结果表明，崩岗侵蚀量与雨量之间并不存在明显的线性关系。5 个监测时段虽然不能完全划定为雨季和旱季，但根据研究区降雨全年雨季、旱季明显的特点，第 1、3 和 5 监测时段以雨季时段为主，第 2、4 监测时段以旱季时段为主，因而可分别代表 1 个监测年的雨季、旱季时段。由于 2016 年雨量比常年偏大且年内分布异常，雨季雨量由常年的 76% 下降为 58%，而旱季的雨量则大增。从图 4-45 可见，第 2 监测时段崩岗侵蚀量并未随雨量的增大而增大（仅 4 号崩岗稍有增大），这说明该时段雨量对崩岗侵蚀的作用受到其他因素的影响。1 号崩岗在第 2 次扫描后，崩岗上方和西侧沿崩岗边缘修筑了截水沟，分流了崩岗集水坡面的降雨径流，从而减小了汇入崩岗的径流，这在一定程度上减弱了降雨对崩岗侵蚀的影响。2 号崩岗地貌以崩积堆为主，在顶部约 10m 层高的崩壁以下为大面积的崩积堆，约占崩岗面积的 80%，坡长达 42m，由于崩岗水力侵蚀物质来源于崩壁，下方崩积堆对崩壁起到一定程度的稳定作用，而上方与分水岭接近又使崩壁重力侵蚀受到一定程度的限制。3 号崩岗以崩壁地貌为主，西半侧几乎为垂直的陡壁，东半侧上半部为崩壁，只有下半部为崩积堆，底部侵蚀沟道不发育，因此，水力侵蚀作用相对较弱，因而侵蚀不受雨量的直接影响。因此，崩岗侵蚀除受降雨影响外，还与崩岗地貌特征有关。

从图 4-45 可见，在第 3 监测时段，在雨量并未比第 2 监测时段大幅增加的情况下，崩岗侵蚀量却大幅上升，该时段不同崩岗侵蚀量按其序号顺序分别比第 2 监测时段增大了 70 倍、56 倍、32 倍和 2 倍。这说明第 2 监测时段的雨量通过下渗作用对其后一时段的侵蚀起到间接作用，雨水入渗岩土层，使岩土水分含量增加，岩土软化，土壤颗粒之间的吸附力和黏结力下降，岩土孔隙压力增加，导致崩岗岩土稳定性下降，这不仅可加剧水力侵蚀，而且为重力侵蚀提供了条件。因此，降雨对崩岗侵蚀的影响还表现在其累积效应，某一时段崩岗的侵蚀量与前期雨量有关。这在第 1 监测时段亦有体现，该时段在雨量远比第 5 监测时段小的情况下，侵蚀量却反而要大。

4.3.2　崩岗侵蚀发育的物质基础

典型崩岗土壤采样点基本情况见表 4-8。采样点分别代表崩岗不同地貌部位、不同土层、不同侵蚀物质等，其中崩岗上缘采样点位于崩岗原始坡面未侵蚀部位，代表崩岗原始地貌及表土层（或红土层），样品采集深度分别为 0～10cm 和 10～50cm；崩壁采样点代表崩岗侵蚀崩塌后地貌及砂土层和碎屑层，崩积堆代表崩岗侵蚀产生的松散堆积物，沟道及冲（洪）积扇采样点代表崩岗侵蚀物质经流水搬运后的沉积物。根据采样分析结果，探讨典型崩岗岩土特性。

表 4-8　典型崩岗土壤采样点基本情况

序号	崩岗编号	样品编号	土层	地貌部位	侵蚀情况
1		梅 1-1（1）	表土层（0～10cm）	崩岗上缘	未侵蚀
2		梅 1-1（2）	红土层（10～50cm）	崩岗上缘	未侵蚀
3		梅 1-2	砂土层	崩壁	崩塌面
4		梅 1-3	砂土层	崩壁	崩塌面
5	1 号	梅 1-4	碎屑层	崩壁	崩塌面
6		梅 1-5		崩积堆	侵蚀堆积物
7		梅 1-6		崩积堆	侵蚀堆积物
8		梅 1-7		洪积扇	流水搬运沉积物
9		梅 1-8		洪积扇	流水搬运沉积物
10		梅 1-9		洪积扇	流水搬运沉积物
11		梅 2-1（1）	表土层（0～10cm）	崩岗上缘	未侵蚀
12		梅 2-1（2）	红土层（10～50cm）	崩岗上缘	未侵蚀
13		梅 2-2	砂土层	崩壁	崩塌面
14	2 号	梅 2-3	碎屑层	崩壁	崩塌面
15		梅 2-4		崩积堆	侵蚀堆积物
16		梅 2-5		崩积堆	侵蚀堆积物
17		梅 2-6		洪积扇	流水搬运沉积物
18		梅 2-7		洪积扇	流水搬运沉积物
19		梅 3-1（1）	表土层（0～10cm）	崩岗上缘	未侵蚀
20		梅 3-1（2）	红土层（10～50cm）	崩岗上缘	未侵蚀
21		梅 3-2	砂土层	崩壁	崩塌面
22	3 号	梅 3-3		崩积堆	侵蚀堆积物
23		梅 3-4		沟口	流水搬运沉积物
24		梅 3-5		洪积扇	流水搬运沉积物
25		梅 3-6	砂土层	崩壁	崩塌面
26		梅 3-7		崩积堆	侵蚀堆积物
27		新 4-1（1）	表土层（0～10cm）	崩岗上缘	未侵蚀
28		新 4-1（2）	红土层（10～50cm）	崩岗上缘	未侵蚀
29		新 4-2	砂土层	崩壁	崩塌面
30		新 4-3	砂土层	崩壁	崩塌面
31	4 号	新 4-4	碎屑层	崩壁	崩塌面
32		新 4-5		崩积堆	侵蚀堆积物
33		新 4-6		沟道	流水搬运沉积物
34		新 4-7		洪积扇	流水搬运沉积物

1. 化学风化特征

采集 1 号、2 号和 4 号崩岗红土层（10～50cm）和砂土层土壤样品各 1 个，共计 6 个样品，采用 X 射线荧光光谱仪进行各样品的化学全量分析，并在此基础上，详细计算了 7 个风化系数以及化学新鲜度、化学蚀变指数。在计算化学风化特征值时主要选取的风化系数有：①硅铁系数（SiO_2/Fe_2O_3），②硅铝系数（SiO_2/Al_2O_3），③铝铁系数（Al_2O_3/Fe_2O_3），④硅铁铝系数（SiO_2/R_2O_3），⑤碱土金属淋溶系数（$(CaO+MgO)/Al_2O_3$），⑥碱金属淋溶系数（$(K_2O+Na2O)/Al_2O_3$），⑦盐基总量淋溶系数（$(K_2O+Na_2O+CaO+MgO)/Al_2O_3$）7 个系数。前 4 个系数主要反映脱硅和铁铝的富集程度，后 3 个系数主要体现盐类的淋失程度。这 7 个化学风化特征值的共同特点是随着风化程度的加深，值趋向于减小，即值愈小，反映的风化程度愈深。岩石的化学新鲜度=$(R_2O+RO)/R_3O_2$，即残积系数的倒数。将风化岩体的化学新鲜度与新鲜岩体的化学新鲜度相比，得岩石的绝对化学新鲜度。其值愈大，表明化学风化愈弱；反之，则化学风化愈强。化学蚀变指数（CIA）是常用的风化指标（$CIA=Al_2O_3/(Al_2O_3+Ca+Na_2O+K_2O)$），主要反映盐基的淋溶状况。6 个样品的化学组分见表 4-9。各土层的 SiO_2 含量为 46.6%～60.4%，Al_2O_3 含量为 30.9%～35.4%，Fe_2O_3 含量为 3.33%～16.5%。K_2O 含量为 1.3%～3.18%，MgO 含量为 0.29%～0.72%，CaO 含量为 0～0.02%，所有样品均未检出 Na_2O。从表 4-9 结果来看，同一崩岗 SiO_2 含量在砂土层要略高于在红土层，Fe_2O_3 和 Al_2O_3 含量则在红土层略高于在砂土层，K_2O 和 MgO 含量则在红土层低于在砂土层，表明上层土壤的脱硅富铝铁化作用较深层土壤明显，而 K、Mg 等易迁移元素在上层土壤淋失更明显。

表 4-9　典型崩岗红土层和砂土层化学组分（占烘干样品重%）

组分名称	1 号崩岗		2 号崩岗		4 号崩岗	
	红土层	砂土层	红土层	砂土层	红土层	砂土层
SiO_2	52.3	53.5	46.6	49.6	52.2	60.4
Al_2O_3	34.9	32.9	32.4	30.9	35.4	32.1
Fe_2O_3	8.64	7.65	16.5	13.4	9.05	3.33
K_2O	1.86	2.61	1.30	2.26	1.83	3.18
MgO	0.56	0.57	0.29	0.72	0.57	0.70
TiO_2	1.40	2.14	2.26	2.57	0.57	0.12
CaO	0.01	0.02	0.02	0.02	0.00	0.01
P_2O_5	0.11	0.27	0.20	0.21	0.04	0.03
SO_3	0.10	0.12	0.22	0.17	0.10	0.07
ZrO_2	0.05	0.10	0.08	0.07	0.02	0.02

与湖北武昌游家庙附近第四纪沉积土壤（朱显谟，1995）相比，研究区的 SiO_2 含量较低，而 Fe_2O_3 和 Al_2O_3 含量较高，与江西泰和红色盆地中的现代土壤（许冀泉等，1983）相比，研究区 SiO_2、Al_2O_3 含量较高，而 Fe_2O_3 含量较低。因此，研究区的土壤富铝化作用要比湖北、江西的土壤强烈得多，这是研究区地理位置更接近赤道，气候更

为湿热所致。

　　硅铁系数、硅铝系数和硅铁铝系数从砂土层到红土层均呈减少趋势，说明在剖面中硅是减少的，而铁铝相对增加。铝铁系数也呈减少趋势，表明了铁的富集率大于铝的富集率。不同崩岗之间的硅铁系数变化比较大，2 号崩岗硅铁系数最小，而 4 号崩岗砂土层的硅铁系数最大。

　　各崩岗红土层和砂土层化学风化特征见表 4-10。碱土金属淋溶系数、碱金属淋溶系数和盐基总量淋溶系数在 3 个崩岗都非常小，化学蚀变指数（CIA）则都大于 89%，表明盐类的淋失剧烈。化学新鲜度值也非常小，除了 4 号崩岗的砂土层略高于 0.1 外，其他都小于 0.1，表明化学风化都非常强烈。通过比较以上碱土金属淋溶系数、碱金属淋溶系数、盐基总量淋溶系数、化学蚀变指数和化学新鲜度，可以看出红土层盐类的淋失要比砂土层的剧烈，化学风化也是如此。研究区土壤剖面的 CIA 要远高于黄土的 80%～75%（Gallet et al.，1998），也要高于江西九江红土的 75%～85%（熊尚发等，2000），表明研究区土壤剖面盐基淋溶非常强烈。

表 4-10　典型崩岗红土层和砂土层化学风化特征值

指标	1 号崩岗		2 号崩岗		4 号崩岗	
	红土层	砂土层	红土层	砂土层	红土层	砂土层
硅铁系数	6.05	6.99	2.82	3.70	5.77	18.14
硅铝系数	1.50	1.63	1.44	1.61	1.47	1.88
铝铁系数	4.04	4.30	1.96	2.31	3.91	9.64
硅铁铝系数	1.20	1.32	0.95	1.12	1.17	1.70
碱土金属淋溶系数	0.016	0.017	0.009	0.023	0.016	0.022
碱金属淋溶系数	0.036	0.049	0.028	0.046	0.035	0.053
盐基总量淋溶系数	0.052	0.066	0.037	0.069	0.051	0.074
化学新鲜度	0.056	0.078	0.033	0.067	0.054	0.110
化学蚀变指数（CIA）	93.49	91.14	95.27	91.15	93.65	89.19

2. 容重和孔隙度

　　用 100cm^3 环刀采集了 4 个崩岗的表层土 0～10cm、红土层 10～50cm、崩壁红土层、崩壁碎屑层、崩积堆、洪积扇等不同部位的原状土，每个部位 3 个重复。测定 100cm^3 土壤烘干重和毛管持水量，并计算容重、总孔隙度和毛管孔隙度（表 4-11）。从表中可以看出，1 号崩岗容重为 1.18～1.50g/cm^3；10～50cm 红土层[梅 1-1(2)]容重最大，而崩积堆（梅 1-5）容重最小，孔隙度则相反。总孔隙度为 55.66%～43.25%，其中毛管孔隙度为 16.43%～34.96%。毛管孔隙度在崩壁红土层（梅 1-2）最高，而在（梅 1-8）洪积扇最小。2 号崩岗容重为 1.19～1.42g/cm^3；崩壁碎屑层容重最大，崩积堆容重最小。孔隙度为 46.40%～55.01%。毛管孔隙度为 29.26%～9.75%。洪积扇的毛管孔隙度最小，崩壁碎屑层的毛管孔隙度最大。3 号崩岗的容重为 1.10～1.49g/cm^3；洪积扇的容重最小，而崩壁红土层容重最大。总孔隙度为 43.86%～58.45%，毛管孔隙度为 26.07%～36.50%，崩积堆的毛管孔隙度最小，崩壁红土层的毛管孔隙度最大。4 崩岗的容重为 1.23～1.45g/cm^3；洪积扇的容重最大，而崩积堆容重最小。总孔隙度为 45.17%～53.55%，毛管孔隙度为 23.07%～40.60%，崩积堆的毛管孔隙度最小，崩壁红土层的毛管孔隙度最大。

表 4-11　各崩岗不同土层容重和孔隙度特征

崩岗编号	采样点		容重 / (g/cm³)	孔隙度 /%	毛管持水量 / (kg/kg)	毛管孔隙度 /%
1 号	梅 1-1（1）	表土层 0～10cm	1.38	47.81	0.2429	33.44
	梅 1-1（2）	红土层 10～50cm	1.50	43.25	0.2169	30.53
	梅 1-2	崩壁红土层	1.28	51.81	0.2832	34.96
	梅 1-4	崩壁碎屑层	1.33	49.65	0.2494	34.50
	梅 1-5	崩积堆	1.18	55.66	0.2936	34.72
	梅 1-8	洪积扇	1.39	47.71	0.1172	16.43
2 号	梅 2-1（1）	表土层 0～10cm	1.28	51.69	0.2590	32.30
	梅 2-1（2）	红土层 10～50cm	1.26	52.62	0.3093	39.17
	梅 2-3	崩壁碎屑层	1.42	46.40	0.2792	39.75
	梅 2-4	崩积堆	1.33	49.91		
	梅 2-5	崩积堆	1.19	55.01	0.2692	33.83
	梅 2-7	洪积扇	1.38	47.90	0.2108	29.26
3 号	梅 3-1（1）	表土层 0～10cm	1.40	47.27	0.2189	32.70
	梅 3-1（2）	红土层 10～50cm	1.49	43.86	0.2154	31.23
	梅 3-2	崩壁红土层	1.19	55.16		
	梅 3-5	洪积扇	1.10	58.45	0.3347	34.53
	梅 3-6	崩壁红土层	1.26	52.43	0.2900	36.50
	梅 3-7	崩积堆	1.25	52.91	0.2101	26.07
4 号	新 4-1（1）	表土层 0～10cm	1.40	47.16	0.2417	34.40
	新 4-1（2）	红土层 10～50cm	1.42	46.40	0.2772	39.33
	新 4-2	崩壁红土层	1.39	47.41	0.2763	40.60
	新 4-4	崩壁碎屑层	1.40	47.02	0.1960	29.07
	新 4-5	崩积堆	1.23	53.55	0.3061	34.77
	新 4-6	洪积扇	1.45	45.17	0.2011	27.55
	新 4-7	洪积扇	1.44	45.65	0.1602	23.07

　　总体而言，崩岗侵蚀区内崩壁的容重最大，但各崩岗最大容重出现的位置不同。4 号崩岗比较特殊，其容重在洪积扇最大。可能与 4 号崩岗原来建有拦沙坝，崩岗侵蚀泥沙淤满了拦沙坝后，后来的侵蚀泥沙径流在原来的洪积堆上形成新的侵蚀沟。新 4-6 采样点位于原来拦沙坝内侵蚀沟中，所采样品为溪流冲蚀过的残余堆积体，砂粒含量较高，而且砂粒粒径较粗，该地区石英含量也较高，因此容重较大。新 4-7 为拦沙坝外的洪积扇，泥沙含量也大部分来自之前拦沙坝内的堆积体，经过了两次水蚀分选，细颗粒已经流失，粒径也较粗，因此容重也比较大。容重最小的区域一般为崩积堆，这是由于崩壁频繁崩塌，崩积堆较为松散，孔隙较多，因此容重较小。毛管孔隙度在洪积扇最小可能与洪积扇刚从崩岗冲出来，还处于离散的土壤颗粒状态，没有土壤结构，毛管孔道还没有完全形成有关。

3. 机械组成以及水稳性团聚体特征

1）机械组成

各崩岗不同地貌部位的机械组成及其质地见表 4-12。1 号崩岗表层土和红土层[梅

1-1（1）和梅 1-1(2)]砂、粉、黏粒的比例较为均匀，为黏壤土，崩壁中部（梅 1-2）为壤土，崩壁下部（梅 1-3、梅 1-4）土壤黏粒含量较低，为砂质壤土或粉质壤土，崩积堆（梅 1-5、梅 1-6）土壤质地均为砂质壤土，洪积扇（梅 1-7、梅 1-8、梅 1-9）土壤砂粒为主，为砂质壤土。

表 4-12　典型崩岗土壤机械组成及其质地

序号	样本名		砾石/（g/kg）	砂粒/（g/kg）	粉粒/（g/kg）	黏粒/（g/kg）	命名（美国制）
1		梅 1-1（1）	28	389	249	362	黏壤土
2		梅 1-1（2）	16	388	270	342	黏壤土
3		梅 1-2	14	520	361	120	壤土
4		梅 1-3	10	378	543	79	粉（砂）壤土
5	1 号	梅 1-4	9	499	442	59	砂质壤土
6		梅 1-5	14	499	442	59	砂质壤土
7		梅 1-6	11	449	371	180	壤土
8		梅 1-7	27	824	87	89	壤质砂土
9		梅 1-8	11	844	77	79	壤质砂土
10		梅 1-9	30	773	148	79	砂质壤土
11		梅 2-1（1）	62	337	199	464	黏土
12		梅 2-1（2）	25	327	249	424	黏土
13		梅 2-2	11	489	452	59	砂质壤土
14	2 号	梅 2-3	72	469	391	140	壤土
15		梅 2-4	44	510	310	180	壤土
16		梅 2-5	41	489	442	69	砂质壤土
17		梅 2-6	61	692	170	138	砂质壤土
18		梅 2-7	0	318	494	188	粉（砂）壤土
19		梅 3-1（1）	27	581	211	209	砂质黏壤土
20		梅 3-1（2）	17	561	231	209	砂质黏壤土
21		梅 3-2	16	480	332	188	壤土
22	3 号	梅 3-3	34	500	312	188	壤土
23		梅 3-4	36	763	119	117	砂质壤土
24		梅 3-5	21	844	89	67	壤质砂土
25		梅 3-6	16	561	332	107	砂质壤土
26		梅 3-7	31	540	302	158	砂质壤土
27		新 4-1（1）	224	439	160	401	黏土
28		新 4-1（2）	186	399	180	421	黏土
29		新 4-2	181	389	383	229	壤土
30	4 号	新 4-3	295	460	362	178	壤土
31		新 4-4	280	470	362	168	壤土
32		新 4-5	318	530	322	148	砂质壤土
33		新 4-6	342	804	109	87	壤质砂土
34		新 4-7	220	794	99	107	砂质壤土

注：砾石：>2.00 mm；砂粒：>0.05mm；粉粒：0.002～0.05mm；黏粒：<0.002mm。

2 号崩岗表层和红土层以黏粒为主，质地为黏土。崩壁中部（梅 2-2）为砂质壤土，崩壁下部（梅 2-3）和崩积堆中部（梅 2-4）为壤土，崩积堆下部（梅 2-5）以砂粒、粉粒为主，质地为砂质壤土。洪积扇上部（梅 2-6）以砂粒为主，质地为砂质壤土，洪积扇下部（梅 2-7）以粉粒、砂粒为主，质地为粉（砂）壤土。

3 号崩岗表层和红土层[梅 3-1(1)和梅 3-1(2)]砂粒含量较高，为砂质黏壤土，这是由于崩口离分水岭较远，处于山坡中部，崩岗表层坡面侵蚀较严重造成的。崩壁中部（梅 3-2）和崩积堆（梅 3-3）以粉粒含量较高为主，为壤土，崩壁下部（梅 3-6）和崩积堆（梅 3-7）为砂质壤土，沟口（梅 3-4）和洪积扇（梅 3-5）砂粒含量高，为壤质砂土。

4 号崩岗表土层[新 4-1(1)]和红土层[新 4-1(2)]黏粒含量高，为黏土，崩壁（新 4-2 和新 4-4）粉粒含量较高，为壤土，崩积堆（新 4-5）砂粒含量高，为砂质壤土，侵蚀沟（新 4-6）为砂质含量最高，为壤质砂土。洪积扇（新 4-7）砂粒含量也很高，黏粒含量较侵蚀沟稍高，为砂质壤土。

2）水稳性团聚体组成

采集了崩岗不同部位的原状土，沿其本来裂隙掰成小块，风干后，称量约 50g 原装土块，利用 QT-WSI021 土壤团粒分析仪以湿筛法分析其水稳性团聚体组成，振荡频率为 30 次/min。不同粒径水稳性团聚体组成含量见表 4-12。崩岗上缘的岩土以大于 1mm 的团聚体为主，其中表层土大于 2mm 的团聚体占 43.66%，1～2mm 团聚体占 31.05%，其他小于 1mm 的团聚体含量较少。红土层 1～2mm 团聚体比例为 53.55%，是该层团聚体的主要构成部分，0.5～1mm 团聚体含量也较高，为 22.28%，而大于 2mm 的团聚体要比表层土低很多，仅为 12.87%。崩壁、崩积堆和冲积扇主要以 0.5～2mm 的团聚体为主，这个范围的团聚体含量为 64.88%～76.39%，大于 2mm 的团聚体含量都很低，仅为 1.66%～4.27%，而 0.25～0.5mm 之间的团聚体含量要高于崩岗上缘的表土层和红土层。平均重量直径（MWD）常作为土壤团聚体水稳定性的重要评价指标。平均重量直径越大，表示团聚体越稳定。从表 4-13 可以看出，表土层的团聚体平均重量直径最大，为 1.5mm，表明其团聚体稳定性最好，其次是红土层，其平均重量直径为 1.3mm。崩壁砂土层和碎屑层、崩积堆、冲积扇的团聚体平均重量为 0.9～1.0mm，说明它们的团聚体稳定性较差，而且差别较小。

表 4-13　崩岗各部位不同粒径水稳性团聚体组成含量

样品	土层	不同粒径水稳性团聚体含量					平均重量直径/mm
		>2mm	1～2mm	0.5～1mm	0.25～0.5mm	0.106～0.25mm	
崩岗上缘 0～10cm	表土层	43.66±2.98	31.05±9.27	11.68±6.01	7.78±7.39	5.83±1.15	1.5±0.1
崩岗上缘 10～30cm	红土层	12.87±4.21	53.55±1.12	22.28±5.37	8.36±0.06	2.93±0.03	1.3±0.1
崩壁中部	砂土层	2.27±0.72	30.35±2.41	37.78±5.04	21.04±3.79	8.56±1.88	0.9±0.0
崩壁底部	碎屑层	2.08±15.81	32.48±5.53	39.33±0.79	17.19±6.77	8.92±2.72	1.0±0.2
崩积堆		4.27±2.55	31.06±15.49	33.82±9.07	19.18±14.39	11.68±7.62	0.9±0.2
冲积扇		3.62±3.30	43.33±10.97	21.92±11.40	21.01±16.18	10.13±9.48	1.0±0.2

4. 有机质与养分含量

1）有机质含量

各崩岗土壤有机质含量见表4-14。从表中可以看出，崩岗有机质含量基本都比较低，除4号崩岗表土层（新4-1（1））有机质含量为13.30g/kg较高外，其他土壤样品的有机质含量都低于 8g/kg，表土层和红土层的有机质含量略高，而崩壁、崩积堆和洪积扇的有机质含量都很低，基本上都在3%以下。

表4-14　典型崩岗土壤有机质含量

崩岗编号	样本名	有机质/（g/kg）	样本名	有机质/（g/kg）
1号	梅1-1（1）	6.00	梅3-1（1）	7.11
	梅1-1（2）	4.81	梅3-1（2）	2.17
	梅1-2	1.95	梅3-2	2.20
	梅1-3	2.83	梅3-3	1.78
	梅1-4	1.62	梅3-4	2.16
	梅1-5	2.74	梅3-5	2.43
	梅1-6	1.88	梅3-6	2.38
	梅1-7	1.92	梅3-7	2.63
2号	梅2-1（1）	4.34	新4-1（1）	13.30
	梅2-1（2）	3.76	新4-1（2）	5.28
	梅2-2	1.41	新4-2	3.69
	梅2-3	1.85	新4-3	4.14
	梅2-4	2.34	新4-4	2.07
	梅2-5	1.08	新4-5	2.00
	梅2-6	1.17	新4-6	1.91
	梅2-7	2.67	新4-7	2.19

2）养分含量

各崩岗土壤碱解氮、有效磷、速效钾见表4-15。从表中可以看出，碱解氮含量为3～35mg/kg，平均值为19.8mg/kg。表土层的碱解氮含量一般要高于崩积堆和洪积扇的。有效磷含量为0.075～1.080mg/kg，平均值为0.521mg/kg。速效钾含量为5.3～30.5mg/kg，平均值为12.2mg/kg。

表4-15　典型崩岗土壤速效养分含量

崩岗编号	样本名	碱解氮/（mg/kg）	有效磷/（mg/kg）	速效钾/（mg/kg）
1号	梅1-1（1）	32.6	1.080	9.21
	梅1-1（2）	4.0	0.614	7.26
	梅1-5	17.5	0.521	5.33
	梅1-8	17.1	0.475	8.2

崩岗编号	样本名	碱解氮/（mg/kg）	有效磷/（mg/kg）	速效钾/（mg/kg）
2 号	梅 2-1（1）	27.0	0.613	6.3
	梅 2-1（2）	23.9	0.475	5.33
	梅 2-5	17.1	0.075	21.8
	梅 2-7	23.9	0.591	30.5
3 号	梅 3-1（2）	16.7	0.199	12.1
	梅 3-2	22.3	0.706	16.9
	梅 3-5	19.1	0.568	5.33
	梅 3-7	18.3	0.429	8.23
4 号	新 4-1（1）	33.4	0.568	17
	新 4-1（2）	3.18	0.244	5.33
	新 4-2	23.9	0.475	21.8
	新 4-3	22.3	0.845	15
	新 4-5	15.1	0.382	11

土壤养分含量与土壤质地之间的关系如表 4-16。有机质含量与黏粒含量呈显著相关，速效钾含量与粉粒含量显著相关，而碱解氮和有效磷之间较为相关，但与土壤质地相关性不显著。

表 4-16　土壤养分含量与土壤质地之间的关系

养分	砂粒	粉粒	黏粒	速效氮	速效磷	速效钾
有机质	−0.33	−0.19	0.67**	0.40	0.31	0.01
碱解氮	−0.18	0.03	0.17		0.52*	0.32
有效磷	−0.16	−0.05	0.23			−0.05
速效钾	−0.28	0.61**	−0.22			

*表示显著性水平 $p<0.05$，**表示显著性水平 $p<0.01$。
注：分析方法为皮尔逊相关法，双尾检验。

5. 岩土含水量

在 2 号崩岗的崩岗上缘和崩积堆布设了土壤水分动态监测系统，实时监测土壤水分的动态变化。仪器安装日期为 2016 年 5 月 5 日，收集回来的数据截至 2017 年 3 月 1 日。这期间的土壤水分动态变化见图 4-47。从土壤水分动态图可以看出，崩壁上缘和崩积堆的土壤水分变化都十分剧烈。尤其是在 60cm 深度范围内，随着次降雨的发生，土壤水分迅速增加，随后在降雨间期逐渐降低，并在下一次降雨时又迅速增加。在崩壁上缘，30cm 处的土壤水分总体最高，6、7 月平均土壤水分为 0.320 m^3/m^3，60cm 处土壤水分最低，平均为 0.245 m^3/m^3。表层 5cm 处土壤水分波动最大，随着土壤深度增加，土壤水分波动越来越小，到 100cm 基本上土壤水分波动较小，只有雨量较大、降雨历时较长情况下才有所增加，在较长的降雨间期后期才有较大降低。土壤深度越大，土壤水分对降雨的响应越慢。以 6 月 11 日的降雨为例，15cm 处土壤水分对降雨的响应比 5cm 处慢了 20 分钟，而 30cm 处土壤水分对降雨的响应则比 5cm 处慢了 15 小时，60cm 处土壤水分对降雨的响应则比 5cm 处慢了 26 小时，100cm 处土壤水分则没有明显增加，只有在 3 天 19 小时后才有少许增加。

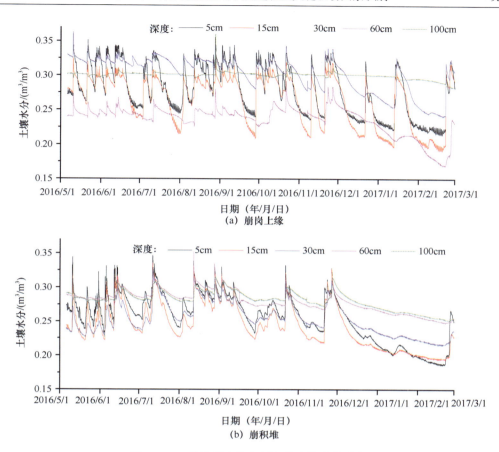

图 4-47　2 号崩岗上缘和崩积堆土壤水分动态

　　崩积堆土壤水分变化比崩岗上缘变化更为剧烈。土壤水分波动范围更大。表层 5cm 的土壤水分波动范围为 0.224～0.347 m³/m³ 之间，大于崩岗上缘 5cm 处的波动范围 0.245～0.352 m³/m³。崩积堆土壤水分对降雨的响应深度更大，在较大降雨情况下，60cm 和 100cm 处土壤水分也会显著增加，说明降雨能够入渗到更深的深度。同时，崩积堆土壤水分对降雨的响应更为迅速，同样以 6 月 11 日那次降雨为例，5cm 处土壤水分响应时间在崩积堆比崩岗上缘早 10 分钟，而在崩积堆 15、30、60、100cm 处土壤水分对降雨的响应时间仅比 5cm 处分别晚了 10 分钟、10 分钟、1.5 小时、28.2 小时。崩积堆土壤水分对降雨的影响受到土壤容重较小、孔隙度较大，以及坡面汇流的影响。土壤结构松散、孔隙度较大利于降水的迅速入渗，而坡面上方的汇流导致了更多的水分来源，使得土壤水分入渗量更大，土壤水分入渗深度更深。

6. 岩土抗剪强度

　　在典型崩岗 2 号和 3 号崩岗（崩岗群）采集崩岗不同地貌部位岩土样品，利用直剪仪对崩岗侵蚀区不同地貌部位岩土抗剪强度进行了研究。采集地貌部位分别为崩岗上缘红土层 0～5cm、5～15cm、15～30cm、50～100cm，以及砂土层（200～700cm）和碎屑层（700cm 以下）。利用直剪环刀（Φ61.8mm×20.0mm）取原状土，一组土样需

4 个环刀试件，采用三速 ZJ-2 型应变控制式直剪仪（江苏南京土壤仪器厂有限公司），用 4 个环刀试件在不同的垂直压力 σ（100、200、300、400kPa）下剪切速率为 4r/min、量力环系数 C=2.061kPa/0.01mm，施加剪切力 τ 进行快剪，求得破坏时的剪应力 τ，根据库仑定律 τ=c+σtanφ 确定抗剪强度系数，即内摩擦角 φ 和黏聚力 c，分析崩岗岩土的抗剪强度。

1）不同地貌部位岩土抗剪强度分异

不同地貌部位崩岗风干岩土的抗剪强度如图 4-48。在红土层和砂土层，随着土层深度的增加，岩土的黏聚力不断增大，而内摩擦角则不断减小。表层 0～5cm 岩土的黏聚力为 44.3kPa，内摩擦角为 40.5°，而 1m 以下砂土层的黏聚力为 74.6 kPa，内摩擦角为 36.9°，到了更深的碎屑层，黏聚力变得很小，仅为 40.4kPa，内摩擦角也进一步降低为 36.0°。可以看出崩岗不同地貌部位岩土的抗剪强度有较大的异质性。红土层和砂土层黏聚力随着深度的增加而增加可能与土壤的裂隙数量有关（张晓明等，2012a）。岩土表层由于干湿变化频繁，岩土的湿胀干缩导致岩土裂隙较多，而深层岩土水分变化较表层缓慢（图 4-48），干湿变化也没有表层频繁，裂隙较少，而表层较多的裂隙导致岩土的抗剪能力较弱（张晓明等，2012b）。崩岗表层岩土的黏聚力和内摩擦角随土壤深度的变化趋势与黄土表层（范兴科等，1997）类似，不过崩岗红壤的黏聚力比黄土高出许多，在自然含水率情况下，黄土表层 0～120cm 的黏聚力仅为 10～35kPa（范兴科等，1997）。碎屑层的黏聚力和内摩擦角都比较小，主要与该层的岩土组成成分有关，根据前面的分析，碎屑层是风化程度较低的岩土，容重较接近岩石的容重，孔隙度较低，颗粒组成主要砂粒和粉粒，黏粒较少。黏粒较少，使得该土层的黏聚力较低。

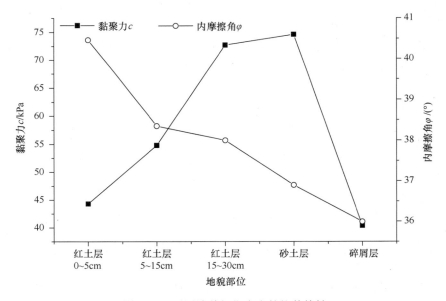

图 4-48　不同地貌部位岩土的抗剪特性

2）岩土抗剪强度与岩土含水量的关系

　崩岗岩土的黏聚力与岩土含水量的关系如图 4-49 所示。从图中可以看出，随着岩土含水量的增加，黏聚力逐渐降低。这可能是由于当岩土含水量增加时，黏土粒的结合水膜会变厚，降低了黏聚力，使黏聚力呈现减小的趋势。岩土黏聚力与岩土含水量的关系可以通过二次函数来拟合。

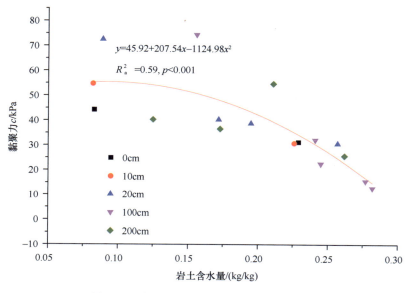

图 4-49　岩土黏聚力 c 与岩土含水量的关系

　崩岗土体的内摩擦角与土壤含水量之间的关系如图 4-50。随着岩土含水量的增加，岩土内摩擦角角度均总体呈现减小的趋势。这是由于随着含水量的增大，水分在较大的土粒表面会成为润滑剂，从而降低了颗粒之间的咬合度，表现出内摩擦角角度的降低。

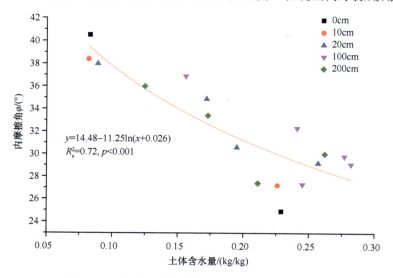

图 4-50　崩岗土体内摩擦角与土体含水量的关系

　　抗剪强度随含水量变化关系如图 4-51 所示。从图中可知，红土层、砂土层和碎屑层的抗剪强度受土体含水量影响明显，随含水量的增加，土体抗剪强度都呈下降趋势。

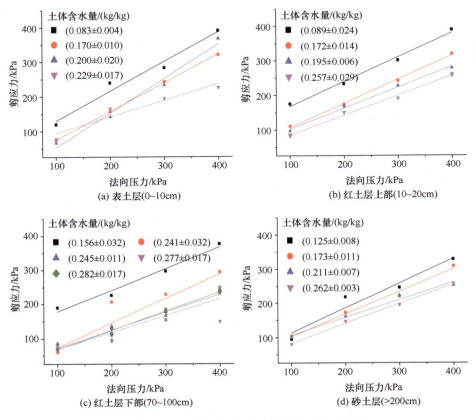

图 4-51　不同土层抗剪强度随土体含水量的变化

　　岩土含水量不同，岩土的剪切过程也存在差异（图 4-52）。岩土含水量较低（0.125kg/kg），初始阶段，剪应力随剪切位移的增大而迅速近似呈线性增大，曲线很陡，应变量很小；在剪切距离达到 3.3～6.4mm 时，岩土的剪应力达到峰值，之后剪应力会明显降低。而当岩土含水量较高（0.262kg/kg），在剪切距离达到 4.8～7.0mm 时，岩土的剪应力才达到峰值，之后变化不大。

　　由库伦公式 $\tau = c + \sigma \tan\varphi$ 可知，岩土含水量较低时，应力－应变关系曲线呈现"软化"现象，特别是在峰值强度之前，近似呈直线，说明这主要是受黏聚力控制。而在"峰值强度"之后，保持红土自然结构的各部分逐渐破坏，在剪应力的继续作用下，颗粒间产生相对滑动，随着黏聚力的作用迅速衰减，而内摩擦角的作用则逐渐增加，由于基质吸力的存在使得土体稳定的结构力增大，该结构力在抵抗外力作用时表现为土体的强度增加。当土体吸水后吸力下降，结构力相应减小，土体在破坏时强度的下降不明显，抗剪过程中便看不到明显的"软化"现象。

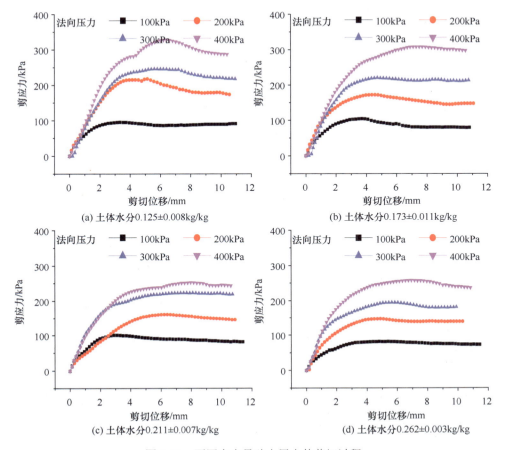

(a) 土体水分0.125±0.008kg/kg

(b) 土体水分0.173±0.011kg/kg

(c) 土体水分0.211±0.007kg/kg

(d) 土体水分0.262±0.003kg/kg

图 4-52　不同含水量砂土层土体剪切过程

综上可以看出，崩岗不同地貌部位的岩土抗剪能力差异较大，而且岩土抗剪能力受含水量的影响较大。崩岗底部的碎屑层的黏聚力和内摩擦角都比较小，抗剪能力较低，这对于崩岗的发育具有重要影响。由于崩岗底部岩土抗剪能力较弱，当崩岗陡壁凌空面形成之后，从而减少了抗滑力矩，增大了滑动力矩。当降雨发生时，在崩岗上缘，降雨部分入渗到的岩土中，重力增大，增加了崩岗岩土所承受的压力，并增加了崩岗上缘的土体的含水量，导致崩岗上缘的土体抗剪能力降低；部分产生坡面径流并流到崩岗底部，增加了崩岗碎屑层的含水量，降低了碎屑层的抗剪能力。如果降雨历时足够长，雨量足够大，岩土水分增加导致的剪切力的增加以及抗剪能力的下降，当上方岩土的压力超过下方岩土的极限应力时，两者的平衡被破坏，将导致崩岗凌空面发生崩塌。由于崩岗上缘表层受降雨直接影响较大，经常会发生小规模的崩塌，而崩壁底部碎屑层虽然受降雨的直接影响较小，但可以受地表径流和上层岩土下渗的影响，当崩壁底部碎屑层的应力平衡打破时，整个崩壁会发生大规模的崩塌。因此，从岩土特性的角度来说，岩土抗剪能力的空间差异及其黏聚力和内摩擦角随含水量的增加而降低的特性是崩岗崩塌不断发生的重要原因。当然，崩岗的崩塌等重力侵蚀发生还受到其他因素如植被、水力侵蚀的影响。

4.3.3　崩岗侵蚀人工模拟降雨试验

1. 试验设计

崩积体侵蚀模拟降雨试验在广东省生态环境技术研究所华南红壤侵蚀动力学工程实验室的人工模拟降雨大厅进行（图 4-53）。试验土样采自于广东省五华县华城镇源坑水小流域，位于 115°36′55.3″E, 24°6′1.4″N。土槽初始坡度为 0°，以 5 cm 为一层，分层将土壤填装至土槽中，填土高度 35 cm。土槽装填完毕后，将其土体表面抹平，并对土槽实施降雨强度为 30 mm/h 的降雨，在土槽开始产流后停止。然后将土槽静止 30 天，使土槽土体在自然条件下密实。在降雨试验前 2 天采用环刀测得土槽土壤容重为（1.24±0.05）g/cm^3，与自然崩积体容重近似。

(a) 人工模拟降雨大厅　　　　　　　　　(b) 试验土槽

图 4-53　模拟降雨大厅及土槽照片

野外调查及相关文献（蒋芳市，2014）均表明，崩积体的平均坡度约为30°，故本试验的土槽坡度设置为30°。为了突出降雨在崩积体侵蚀过程中的重要性，参照五华县最大雨强达 4.08 mm/min 及其 30 年一遇的降雨标准（201 mm/d）（钟美英和李凤梅，2010），将试验次雨量设置为 200 mm/次，单次降雨时长为 60 分钟。在无人为扰动崩积体的情况下，试验持续 20 场次降雨，次降雨间隔时间大于 6 小时，实际累计雨量为 4003.9 mm，大致相当于研究区近 3 年的雨量。在土槽产流开始时起，分别容积为 25L 的塑料集流桶收集 0～1 分钟，2～3 分钟，4～5 分钟，其后每个径流样的采集时长为 5 分钟，并在雨后继续采集 1 个坡面径流量，单次降雨时段采集径流样共 15 个，并用雨量计测量相应径流时段内的雨量。整个土槽坡面以 0.5m 为一个间隔，自上而下采用高锰酸钾示踪坡面水流流速。分别采用精度为 1g、0.1g 的电子秤称量泥沙水样及泥沙干样。试验主要测定指标：径流量、泥沙量、坡面流流速、雨量。径流量采用体积法量测，泥沙量采用烘干称质量法测定。此外，采用索尼（SONY）FDR-AX30 4K 高清数码摄像机实时拍摄坡面水蚀过程。在降雨后采用莱卡 HDS3000 三维激光扫描仪量测崩积体侵蚀变化。平均流速、平均水深、弗劳德数、达西-韦斯巴赫阻力系数、水流功率的水动力学参数的计算方法参见参考文献（张宽地等，2012）。

2. 降雨及径流对崩积体侵蚀的影响分析

崩岗崩积体径流侵蚀能力由径流的数量（流量）及流速两方面决定。其中流速是一个重要的水动力学参数，其流态变化十分复杂，目前一般将坡面流简化为一维恒定非均匀的沿程变量流处理。就崩积体坡面空间差异而言，自土槽崩积体坡顶而下，以 50 cm 为一个坡段，坡面平均流速持续增大，其流速分别为 0.022 m/s、0.044 m/s、0.062 m/s、0.086 m/s、0.101 m/s、0.153 m/s。就崩积体坡面单次降雨过程而言，其坡面流速随降雨时间变化不大，在 0~10 分钟，11~20 分钟，21~30 分钟，31~40 分钟，41~50 分钟，51~60 分钟时段内全坡面平均流速分别为 0.053 m/s、0.051 m/s、0.051 m/s、0.052 m/s、0.053 m/s。而就崩积体坡面不同降雨事件而言，每次降雨事件中 0~10 分钟，11~20 分钟，21~30 分钟，31~40 分钟，41~50 分钟，51~60 分钟时段内平均流速均随降雨场次呈现幂函数减小趋势，且第 3 场降雨较第 1、2 场降雨的平均流速出现急速减小，其减小幅度达 34.3%，其后各场次降雨流速呈现小幅波动，但整体呈现平稳减小趋势。

弗劳德数（Fr）、达西-韦斯巴赫阻力系数（f）、径流功率（ω）等水动力学参数可表征坡面径流所具有的侵蚀力大小。由分析可知，Fr、f 和 ω 等水动力学参数，也随降雨场次呈现一定的变化。其中，Fr 随着降雨侵蚀事件的持续呈现幂函数减小趋势（$y = 2.140x^{-0.44}$，R^2=0.838，n=20）；f 数值随着降雨侵蚀事件的持续呈现幂函数增大的趋势（$y = 13.04x^{1.198}$，R^2=0.777，n=20）；随着降雨侵蚀事件的持续，ω 数值亦呈现幂函数减小趋势（$y = 2.664x^{-0.43}$，R^2=0.948，n=20）。以上水动力学参数均表明，随着降雨的持续，坡面径流的潜在侵蚀力呈现下降趋势。

崩积体在持续的降雨及其径流作用下，其次降雨产沙量范围为 1.735~25.836 kg，其侵蚀强度随降雨场次呈现幂函数减小的趋势（$y = 25.546x^{-0.843}$，R^2=0.881，n=20）。通过崩积体产沙量与崩积体产沙驱动力参数进行相关分析发现，本研究次降雨产沙量与弗劳德数、径流功率、流速成较好的正相关关系，与达西-韦斯巴赫阻力系数呈一定的负相关关系（表 4-17）。在降雨过程中，不能被径流所搬运的粗颗粒及块砾不断在坡面富集，使得其坡面糙率增大，进而影响径流流速。此外，坡面流路及侵蚀沟宽度的改变，亦影响沟道径流深以及沟道、沟间的径流量分配，进而影响流速的变化。而坡面径流流速改变之后，由其而衍生出来的水动力学参数亦随之变化。可见在崩积体侵蚀过程中，其坡面形态变化对径流流速及其水动力学参数具有重要影响。

表 4-17　产沙量与侵蚀参数的相关分析

参数	产沙量	弗劳德数	阻力系数	径流功率	雨量	径流量	流速
产沙量	1	0.932**	−0.610**	0.922**	0.262	−0.143	0.940**
弗劳德数		1	−0.605**	0.912**	0.250	−0.180	0.985**
阻力系数			1	−0.697**	−0.177	−0.075	−0.609**
径流功率				1	0.361	0.038	0.908**
雨量					1	0.100	0.261
径流量						1	−0.106
流速							1

** P<0.01（双侧），* P<0.05（双侧），N=20。

　　崩积体坡面侵蚀产沙是降雨雨滴溅蚀和坡面径流侵蚀、搬运双重作用的结果。由于降雨结束后,崩积体坡面仍存在短时间的汇流,因此通过分别收集降雨时段和雨后时段的坡面径流,可分析降雨(溅蚀)和坡面径流(片蚀、细沟侵蚀)分别对坡面产沙的贡献率。如图 4-54 所示,各降雨时段的坡面径流含沙量均明显高于雨后时段的径流含沙量,表明雨滴溅蚀在崩积体侵蚀过程中具有重要作用,即使是在坡面粗颗粒富集之时,降雨的溅蚀作用亦不能忽略。此外,降雨时段及雨后含沙量随着坡面侵蚀的持续均呈现幂函数减小。表明降雨溅蚀和径流片蚀、细沟侵蚀均受坡面糙度变化影响,而其影响主要表现为随着表层粗颗粒和块砾的富集,其对径流的拦阻及消能作用增大,达西-韦斯巴赫阻力系数随着降雨的持续呈幂函数增加亦印证了这一点。由不同场次降雨时段及其后径流含沙量的比值可知,降雨(溅蚀)、径流(片蚀、细沟侵蚀)对崩积体坡面产沙的平均贡献率分别为 47.6%,52.4%。径流冲刷产沙量所占比重随着坡面粗化而呈现降低趋势,其所占比值由第一场次降雨时的 59.9%,下降至第 20 场降雨时的 37.9%。表明相较于坡面表层粗化对降雨溅蚀的消能作用而言,表层粗颗粒及块砾对坡面径流的消能作用尤为明显。

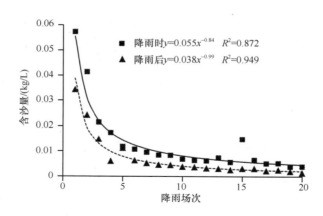

图 4-54　降雨前后含沙量对比

　　在雨量为 4003.9 mm 的人工模拟降雨条件下,3 m^2 的崩积体坡面持续产沙量为 117.17 kg。而崩岗监测同期 2015 年、2016 年的年雨量为 1685.20mm、2460.20 mm。由于坡面侵蚀量与雨量具有很好的相关性(廖义善,2017),因而以 2015 年、2016 年的年平均雨量为基准,可以通过雨量换算,计算出整个人工模拟降雨时段的产沙模数为 2.24 万 t/(km^2·a)。而依据在次雨量为 200 mm 的降雨条件下,其次降雨的产沙量为 1.74~25.84 kg,可计算出在相对降雨、不同坡面微形态条件下,其次降雨的产沙模数为 0.60~8.93 万 t/(km^2·a)。可见,在降雨及径流等外部驱动力不变的情况下,随着坡面微形态的变化,产沙量仍会出现较大变化。由此前的地表径流流速及其水动力学参数分析可知,随着坡面粗颗粒的富集,其破面微形态变化对降雨及其径流具有较强的效能作用,其侵蚀、产沙量随之减小。表明坡面微形态对降雨、径流等外部驱动力具有重要影响。

4.4　小　　结

（1）典型崩岗侵蚀地貌演变具有明显的特征，侵蚀地貌发育完整，在监测期内普遍表现为溯源侵蚀不明显，1 号与 4 号崩岗水力侵蚀作用较重力侵蚀明显，2 号崩岗甚至以水力侵蚀为主，3 号崩岗重力侵蚀和水力侵蚀活跃。典型崩岗在监测期内侵蚀极为严重，年输沙模数达 14.9 万～33.8 万 t/（km²·a）。典型崩岗侵蚀变化随高程的分布有明显的规律，其中 1～3 号崩岗侵蚀变化相对集中在崩岗中部，4 号崩岗几乎全坡面侵蚀变化均明显。崩岗侵蚀平面的分布特征可以表征崩岗微地貌的空间分异。典型崩岗侵蚀的平面分布大致可以分为两类，一类以流失侵蚀为主，流失侵蚀区范围集中、面积较大；另一类流失侵蚀区和堆积侵蚀区明显。侵蚀集中分布区与实地调查观测的崩岗微地貌侵蚀特征非常吻合。

（2）崩岗侵蚀形态影响崩岗侵蚀过程，其中崩积体坡长、表面微地貌以及崩岗沟道长度与其所在坡面坡长的比值等形态参数直接影响崩岗侵蚀强度。崩岗重力侵蚀量为水力侵蚀量的 1.64～3.38 倍，其中 56.19%的产沙量来源于崩壁，重力为崩岗侵蚀的关键驱动力。

（3）华城镇崩岗以大型崩岗占多数。崩岗分布有特定的海拔和地面坡度，主要集中在海拔 100～400m 和 40°以下坡度，在海拔 100m 以下、400m 以上和>50°坡度几乎无崩岗发育。崩岗侵蚀规模与海拔无直接关系，但与坡度有一定的关系。不同坡向均有崩岗分布，但以东坡向崩岗数量较多，其次是东南向和南坡，其余坡向崩岗数量较少。典型崩岗分别发育于不同时期的变质砂岩和花岗岩，不同风化壳崩岗侵蚀差异明显，前者侵蚀产生形成的冲（洪）积扇颗粒较细甚至呈淤泥状，而后者形成的冲（洪）积扇往往为一层粗沙，且后者的侵蚀强度似乎更大，更容易产生水力作用的二次侵蚀。

（4）在崩岗侵蚀发育的物质基础方面，深厚的强烈风化的花岗岩风化壳是崩岗发生的物质基础，岩土抗剪能力的空间差异及其黏聚力和内摩擦角随含水量的增加而降低的特性以及岩土的干湿交替等是崩岗崩塌不断发生的重要原因，结构松散、团聚体稳定性差是崩积体容易被降雨、径流侵蚀的原因，有机质和养分含量低、沙性土导致崩岗区域植被生长较差，进而影响到重力崩塌和水蚀过程。

（5）通过崩积体人工模拟降雨试验表明，在崩积体侵蚀过程中，其坡面形态变化对径流流速及其水动力学参数具有重要影响，进而影响坡面侵蚀强度，崩积体土壤侵蚀强度随降雨场次呈现幂函数减小的趋势。

第 5 章　崩岗侵蚀风险内涵及评估程序

5.1　崩岗侵蚀风险内涵

　　风险是伴随着人类的出现、发展而产生的，人类使用"风险"一词已有很长的历史。据 Flanagan 和 Norman 的考证，"风险"最早出现在意大利语 "risicare"，后流入法国变为"risqué"，17 世纪中期英语中出现单词"risk"，来源于法语。我国最早记录"风险"出现在"二十四史"中"明史"中有"漕舟失泊，屡遭风险"。《牛津英语大词典》对"风险"的释义是："危险；暴露于损失、伤害或其他许多情况的可能性"，我国至今最大型的词书《汉语大词典》对"风险"的解释是："可能发生的危险"。

　　关于"风险"的定义，不同的行业不同的人有不同的解释。其中 ISO 指南 73：2009《风险管理术语》对"风险"的定义是："不确定性对目标的影响"，赋予了风险具有"双重性"的特性，可能是机会，也可能是威胁。定义中包括了三个关键词：不确定性、影响、目标，构成了"风险"的三个变量。"不确定性"是风险概念的核心、是风险的基本属性。"目标"是风险管理的主体。"影响"是连接"不确定性"和"目标"的桥梁，意为"不确定性"与"目标"发生关系，对"目标"施加作用。这三个变量的大小及其相互关系决定了风险是否存在以及风险的大小。

　　由此，参考现有的生态、环境、地质灾害等风险评估研究成果，提出崩岗侵蚀风险定义为："自然及人为因素对崩岗侵蚀的影响"。其中"不确定性"指的是自然及人为因素，包括降雨、地形、植被、土壤，及人为开发保护等，"目标"就是崩岗侵蚀，"影响"是指自然及人为因素可能促发加剧崩岗侵蚀，也可能降低减轻崩岗侵蚀发生及减轻危害，甚至变害为利。

　　一般说来，风险大小表征采用广泛使用的"风险矩阵方法"，即可能性与结果的乘积。根据崩岗侵蚀风险内涵，崩岗侵蚀风险度量表示为

$$R = \sum_{A=1}^{n} \rho_A R_A \tag{5-1}$$

式中，R 为崩岗侵蚀风险值；R_A 为崩岗侵蚀某一类别风险值；A 为风险序号；n 为风险种类总数；ρ_A 为崩岗侵蚀某一类别风险在总风险中所占的比例。

　　根据崩岗侵蚀发生机理及危害特点，崩岗侵蚀风险由生态危害风险和经济损失风险两种风险组成两种。其中崩岗侵蚀生态危害风险指某一特定区域某一时段发生崩岗侵蚀对生态造成危害的风险；而崩岗侵蚀经济损失风险是指某一特定区域某一时段发生崩岗侵蚀对生命财产造成损失的风险。综合崩岗侵蚀研究现状及数据获取难易程度，本书所指崩岗侵蚀风险侧重于生态危害风险，适当兼顾经济损失风险，即

$$R = R_e + R_l$$
$$R_e = P \times C_e \qquad\qquad (5\text{-}2)$$
$$R_l = P \times C_l$$

式中，R 为崩岗侵蚀风险值；R_e 为崩岗侵蚀生态危害风险值；R_l 为崩岗侵蚀经济损失风险值；P 为发生崩岗的可能性；C_e 为崩岗侵蚀可能造成的生态危害；C_l 为崩岗侵蚀可能造成的经济损失。

最后，将风险值累加归一化处理，按风险值等距划分原则，将崩岗侵蚀风险划分为 5 级（表 5-1）。

表 5-1　崩岗侵蚀风险等级划分

等级	等级描述	风险值	基本含义
1	低风险	0~0.2	发生可能及危害均很低，基本没有风险
2	较低风险	0.2~0.4	发生可能及危害均较低，风险比较低
3	中风险	0.4~0.6	存在一定程度的发生可能及危害，风险不能被忽视
4	较高风险	0.6~0.8	发生可能及危害均较高，风险比较高
5	高风险	0.8~1	发生可能及危害均很高，基本确定有风险

5.2　崩岗侵蚀风险评估程序

风险评估是指通过客观地认识到事物（或系统）存在的风险因素，评估这些因素导致的危险程度大小的过程，为采取合适的措施降低风险概率提供科学依据。

参考现有的生态、环境、地质灾害等风险评估流程，同时结合崩岗侵蚀自身的特点，崩岗侵蚀风险评估可概化为以下 4 个过程：①问题提出，明确存在的问题、风险评估目标、评估范围等；②风险分析，包括风险源识别，筛选风险评估指标；③风险表征，即风险评估，包括计算风险值，风险分级及区划，描述风险特征；④风险管理，针对风险评估结果，提出降低风险对策。其评估程序如图 5-1 所示。

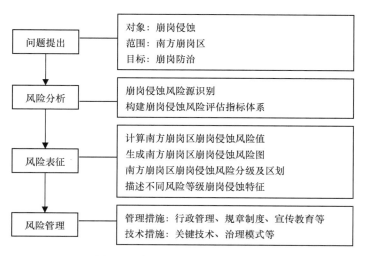

图 5-1　崩岗侵蚀风险评估框架图

5.2.1　问　题　提　出

崩岗侵蚀我国南方水土流失的一种特殊类型,给当地经济社会的可持续发展造成严重威胁,急需开展防治工作。通过开展崩岗侵蚀风险评估,为国家实施崩岗防治提供决策依据。评估范围为南方崩岗区,即《南方崩岗防治规划(2008—2020 年)》所涉及的规划范围,涉及湖北、湖南、江西、安徽、福建、广东、广西等 7 省(自治区),土地总面积 48.43 万 km²。

5.2.2　风　险　分　析

针对崩岗侵蚀,风险源识别即为崩岗侵蚀发生的影响因子。史德明(1984)把崩岗归为水蚀范围,张淑光等(1993)认为应该属重力侵蚀范畴。更多学者认为崩岗既有重力侵蚀,又有水蚀,两者缺一不可。在崩岗侵蚀过程中,大量碎屑物质随重力作用或径流作用发生高强度的迁移、重定位或由于后续外营力作用再迁移。目前,研究崩岗侵蚀机理大多从影响崩岗发育的因素着手。丘世均(1994)认为影响崩岗发育的因子很多,各因子所起的作用及相互之间的关系也非常复杂。牛德奎提出崩岗的发生发展是诸如土壤、地质、植被、水文、人类活动等多种因素影响的结果,尤其是土壤、地质因素做起的作用更大。其后有更多学者先后总结出岩性、地形地貌、气候、植被、人为活动等因素与崩岗的形成和发展均密切相关。

根据以上崩岗侵蚀机理及影响因子研究成果,崩岗侵蚀风险源可以确定为地质、土壤(母质)、地形、植被、气候等。风险受体可以确定为耕地、房屋、交通道路、水域等。因此,崩岗侵蚀风险评估指标体系如表 5-2 所示。

表 5-2　崩岗侵蚀风险评估指标体系

总指标	第一层指标	第二层指标	第三层指标
风险	生态危害风险	地质	断裂
			岩土类型及性质
			岩土体结构特征参数
			岩土体力学参数
			岩体风化强度与风化深度
			新构造运动特征
			地层岩性组合
			水文地质条件
		土壤(母质)	土壤(母质)类型
			土层(母质)厚度
			颗粒组成
			渗透性
			孔隙度
			土力学参数

续表

总指标	第一层指标	第二层指标	第三层指标
风险	生态危害风险	地形	地形起伏度
			坡度
			坡向
			高程
		植被	植被覆盖度
			植被类型
			NDVI
		气候	年平均降水量
			年平均气温
	经济损失风险	耕地	专家打分
		房屋	专家打分
		交通道路	专家打分
		水域	专家打分

　　崩岗侵蚀风险评估指标体系分为三层，第一层指标包括生态危害风险和经济损失风险两方面。第二层指标为专题指标，即为第一层指标的风险分解指标。生态危害风险根据影响因子分解为地质、土壤（母质）、地形、植被、气候等五类专题，经济损失风险根据土地利用类型分解为耕地、房屋、交通道路、水域等四类专题。

　　第三层指标为基础数据指标，即为第二层指标的风险表征指标。生态危害风险地质专题表征指标包括断裂、岩土类型及性质、岩土体结构特征参数、岩土体力学参数、岩体风化强度与风化深度、新构造运动特征、地层岩性组合、水文地质条件等，土壤（母质）专题表征指标包括土壤（母质）类型、土层（母质）厚度、颗粒组成、渗透性、孔隙度、土力学参数等，地形专题表征指标包括地形起伏度、坡度、坡向、高程等，植被专题表征指标包括植被覆盖度、植被类型、NDVI 等，气候专题表征指标包括年平均降水量、年平均气温等。经济损失风险表征指标为不同土地利用专家打分。

5.2.3　风险表征

　　首先在南方崩岗区选取若干个崩岗侵蚀评价单元，根据拟定的风险评估指标，收集获取相关数据和专题图件，通过拟定的评估方法，建立崩岗侵蚀风险评估模型。根据风险评估模型，收集获取南方崩岗区相关数据和专题图件，计算风险值，生成崩岗侵蚀风险分布图，采用随机抽样方法，对风险分布图进行验证。达到精度要求后，采用聚类分析法，对崩岗侵蚀风险进行分级，并对不同风险等级崩岗侵蚀描述具体的风险特征。

5.2.4　风险管理

　　根据崩岗风险评估结果，针对不同等级风险崩岗侵蚀提出相应的降低风险的对策。主要包括管理措施和技术措施。管理措施涉及行政管理、规章制度、宣传教育等，而技术措施包括崩岗发育环境背景整治技术，崩岗不同部位治理关键技术，崩岗治理模式等。

5.3 小　结

（1）参考现有的生态、环境、地质灾害等风险评估成果，提出了南方崩岗侵蚀风险评估基本构架，主要是界定了崩岗侵蚀风险内涵，提出崩岗侵蚀风险定义为："自然及人为因素对崩岗侵蚀的影响"。其中"不确定性"指的是自然及人为因素，包括降雨、地形、植被、土壤，及人为开发保护等，"目标"就是崩岗侵蚀，"影响"是指自然及人为因素可能促发加剧崩岗侵蚀，也可能降低减轻崩岗侵蚀发生及减轻危害，甚至变害为利。根据崩岗侵蚀发生机理及危害特点，崩岗侵蚀风险由生态危害风险和经济损失风险两种风险组成两种，并构建了崩岗侵蚀风险评估指标体系。

（2）崩岗侵蚀风险评估可概化为以下 4 个过程：问题提出、风险分析、风险表征和风险管理。

第 6 章　崩岗侵蚀风险评估

6.1　崩岗侵蚀风险评估方法

6.1.1　基 本 原 理

崩岗侵蚀风险评估的主要工作方法是在大量收集、分析处理基础环境因子资料的前提下，运用适当的数学模型，从整体上对研究区进行风险评估。故崩岗侵蚀风险评估结果的正确与否，主要取决于基础环境因子资料的可靠性以及数学模型的合理性。

从另一个方面讲，只有给数学模型输入高质量的、与崩岗侵蚀发生相关性较强的环境因子参数，才能获得令人信服的结果。为此，就必须对研究区背景要素进行系统详细的调查、监测和全面的分析研究。因此，崩岗侵蚀风险评估方法重点包括评价指标分析与筛选，和数学模型研究选用。

评价指标的分析与筛选采用反映研究区背景要素实际分布特征的图件，如崩岗分布图、土壤图、地质图、地形图、植被覆盖图、降水量分布图、气温分布图、土地利用图等形成数据层；图层可以矢量形式表达，也可以栅格形式表达。图层经过叠加处理及属性相关分析，或再叠加处理进行分析。通过分析，确定各因子在崩岗发生过程中的贡献及判定崩岗多发区的主导控制因子。

在因子相关分析的基础上，针对崩岗侵蚀的发生特点，对现有的风险评估模型进行筛选优化，建立适用于崩岗侵蚀发生评价预测模型，以此评估崩岗侵蚀发生可能性，结合不同风险结果输入，进行研究区崩岗侵蚀风险评估，并图形化展示。

6.1.2　评估指标筛选原则

针对某一具体评价区域时，常因为客观条件的限制，很难收集齐全各类要素数据，或者某些数据在整个地区不具备分异性，而且对崩岗侵蚀的发生所起的作用甚微，故而系统性和普适性不宜作为评估指标筛选的首要原则，而是着重强调具体问题具体分析的基本准则。实际评估中常只采用其中部分指标，选取主要指标，剔除关联度较小或对评估目标贡献较小的指标。另外，参与评估的指标太多或过于全面，效果不一定会好，因为指标多了缺乏可操作性，有些指标不一定能够取得现场调查资料。因此，实际评估中，对评估指标进行筛选应该尽量遵循以下几个基本原则：

1. 评估指标代表性原则

选择评估指标时，应考虑选择有代表性的指标，避免指标之间的重叠交叉。

2. 评估指标的必要性和充分性原则

选择评估指标时，宜尽可能剔除那些对崩岗侵蚀影响很小的指标或指标类。影响程度达到一定水平的评估指标，原则上必须参与评估。

3. 评估指标的简明性和可操作性原则

强调指标的简明性和可操作性对崩岗侵蚀风险评估这类复杂系统尤其重要。简明性是指评估指标应尽可能的简单、明确，易理解，无歧义；可操作性是指评估指标的内容是可以比较方便地获取或实现的。

目前，国内外研究中较为常用的风险评估指标筛选方法有地质经验法和主成分分析法。本研究根据研究区崩岗侵蚀发生的特点及所掌握的实际资料，采用地质经验法，确定影响崩岗侵蚀的基本因素和影响诱发因素。在此基础上，采用统计分析方法定量进行评估指标的分析和筛选。

6.1.3　风险评估模型

模型是现实世界简单和理想化的表示。空间建模是针对位置相关现象，应用一定的工具，通过处理和分析与位置相关联数据，以产生有用的信息来解决复杂问题的过程。空间建模通过识别对现象分布有显著意义的解释性变量和提供每个变量相对权重的信息来分析现象。一般是通过处理空间数据，寻找地理现象之间的关系，以便理解和解决特定的地理问题。

针对崩岗侵蚀发生可能性建模的基本思路是，通过统计分析导致崩岗侵蚀发生的因子的合并规则，并且用来对相似的地区进行定量预测。在本研究崩岗侵蚀发生可能性分析中，统计分析方法主要采用了两种不同的统计分析模型。

1. 双变量统计分析

双变量统计分析在风险评估中占有重要地位。双变量统计分析往往是两个变量之间的关系，双变量之间的关系涉及质和量两个方面，因此双变量分析实际上包含着定性分析和定量分析两个方面，如用相关或列联表等方法。一般在确定两个变量之间确实有某种关系，如在经过统计检验后证实两变量有显著相关关系，进行更进一步的分析才有意义。

在崩岗侵蚀发生可能性评估中，双变量统计分析是通过假定各因子之间没有任何相关性，计算各单个因子与崩岗侵蚀发生之间的关系。双变量统计分析模型根据崩岗侵蚀密度，分别计算各因子对崩岗侵蚀的贡献即权重，并根据一定的规则将各因子权重图叠加得到崩岗侵蚀发生可能性分布图，在崩岗侵蚀发生可能性分布图中，数值越大，说明各因子对崩岗侵蚀的总贡献越大，那么发生崩岗侵蚀的可能性就越大。

在双变量统计分析模型中，每一个因子类（坡度类、岩性类、土壤类型等）都和崩岗侵蚀分布图进行叠加运算，在崩岗密度的基础上，计算每个因子（不同坡度、不同岩性、不同土壤类型等）的权重。现在有很多种统计分析方法可以用来计算权重，如敏感性方法、熵变量法、证据权重法、贝叶斯合并规则、确定性因子、D-S 证据方法和模糊逻辑法等。本章研究采用熵变量模型进行崩岗侵蚀风险评估。

　　熵变量模型的理论基础是信息论，采用崩岗侵蚀发生过程中熵的减少来表征崩岗侵蚀事件产生的可能性，因子组合对某崩岗侵蚀事件的确定所带来的不确定性程度的平均减少量等于该崩岗侵蚀系统熵值的变化，认为崩岗侵蚀的产生与预测过程中所获取的信息的数量和质量有关，可以用信息量来衡量的，信息量越大，表明发生崩岗侵蚀的可能性越大。

2. 多变量统计分析

　　多变量统计分析模型中，所有的相关因子都以一定大小的网络单元或均一条件单元（如土壤类型）作为样本单元，并确定每个样本单元中有或没有崩岗侵蚀，从而生成一个相关矩阵，然后用多次回归或判别分析方法对矩阵进行分析。多次回归或判别分析方法中，在变化较小的地区能取得较好的崩岗侵蚀不稳定区分类效果，其他一些较复杂的分析方法也能取得较好的效果，但是需要收集大量的数据。

　　本章研究中采用逻辑回归算法来计算各因子类的权重。Logistic 回归模型是二分类因变量（因变量 Y 只取 2 个值）进行回归分析时经常使用的统计分析方法。与线性回归不同，Logistic 回归是一种非线性模型，普遍采用的参数估计方法是最大似然估计法。Logistic 回归方法能对分类因变量和分类自变量（或连续自变量，或混合变量）进行回归建模，有对回归模型和回归参数进行检验的标准，以事件发生概率的形式提供结果，应用在崩岗侵蚀发生可能性预测中是一种较好的解决方案。由于模型的非线性，系数估计采用最大似然估计法，必须通过迭代计算完成。

6.2　基础数据处理

6.2.1　崩岗分布数据

　　本次研究中的崩岗分布数据通过遥感解译得到，采用面向对象遥感分类和人机交互式解译相结合的方法，图 6-1 为方法的流程示意图。

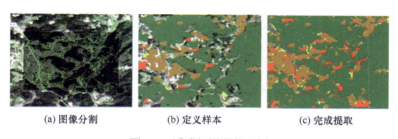

(a) 图像分割　　　　　　(b) 定义样本　　　　　　(c) 完成提取

图 6-1　遥感解译流程示例

　　数据源为 2014～2015 年我国南方七省（自治区）1～2 m 分辨率的多光谱影像，包括有 QuickBird、IKONOS、高分一号等高分辨率卫星影像。

通过对遥感影像上的崩岗点进行肉眼识别，在研究区各区域分别选取一定数量的崩岗点并进行标记，建立崩岗解译标志库（图 6-2）。依据建立好的解译标志库，执行监督法分类。实际影像处理过程中，增加一个类型：云区，将云区处理成无效区，以获取更高质量的机器分类影像。分类结束后，利用 GIS 软件制作崩岗分布专题图。

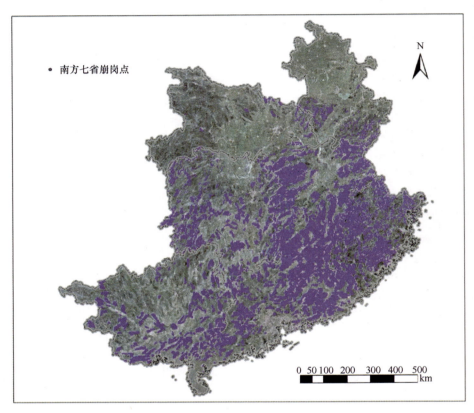

图 6-2　南方七省（自治区）崩岗点分布图

在 ArcGIS 中，将崩岗点图层与南方七省（自治区）行政区划进行叠加分析，得到各省（自治区）的崩岗数量分布。结果显示，本次通过遥感解译得到的我国南方七省（自治区）崩岗点的总数为 21.86 万个，其地域分布为：湖北省 0.26 万个，湖南省 2.24 万个，江西省 4.77 万个，安徽省 0.12 万个，广东省 9.39 万个，广西壮族自治区 2.64 万个，福建省 2.42 万个。

根据长江水利委员会 2009 年编制的《南方崩岗防治规划（2008—2020 年）》，我国南方崩岗防治规划区崩岗数量总数为 23.91 万个，其地域分布为：湖北省 0.24 万个，湖南省 2.58 万个，江西省 4.81 万个，安徽省 0.11 万个，广东省 10.79 万个，广西壮族自治区 2.78 万个，福建省 2.60 万个。规划中的崩岗信息为 2005 年通过人工调查得来。

通过对比崩岗遥感解译成果和 2005 年崩岗人工调查成果，本次遥感解译成果的崩岗总数减少 2.05 万个，崩岗点分布的重合率达到了 81.4 %，各省崩岗数量的分布基本一致。通过深入分析，相对 2005 年崩岗人工调查成果，本次遥感解译崩岗总数减少的原因主要有两方面，一方面是南方各省或多或少均开展了一些崩岗治理工作，经过十余年的治理，崩岗数量得以减少，崩岗发育也得到一定程度控制；另一方面，遥感解译受影像分辨率、人工判读、机器识别等因素的制约，其精度相对人工调查要低，尤其是崩岗群，技术层面难以区分个数。但是，项目组通过多地的实地调查、复核，发现遥感解译的崩岗数量及其位置与实地情况基本一致。因此，一方面说明通过遥感解译技术获取崩岗分布是可行的，另一方面说明遥感解译的崩岗分布数据是基本准确的，其精度能够满足本项目的宏观研究要求。

6.2.2　土地利用类型数据

本次研究中的土地利用数据通过利用 30 米分辨率的卫星遥感影像解译得到。数据源为 2014～2015 年的 30 米多光谱影像，包括美国陆地资源卫星 Landsat8 OLI 多光谱影像和中国环境减灾卫星（HJ-1）多光谱影像。采用面向对象的方法得到土地利用分类结果。

面向对象的分类方法是一种基于目标的分类方法，这种方法可以充分地利用高分辨率影像的空间信息，综合考虑光谱统计特征，形状，大小，纹理，相邻关系等一系列因素，得到较高精度的信息提取结果。它的主要特点是分类的最小单元是由影像分割得到的同质影像对象（图斑），而不再是单个像素。主要用到多尺度影像分割技术和基于规则的模糊分类技术。面向对象的遥感影像分类方法相比于传统的基于像素的遥感影像分类方法，可以充分利用影像的光谱、纹理和形状特征等空间几何属性信息，减少了影像像元光谱差异的影响，并且以分割的对象单元为单位进行分类，将大大提高遥感影像分类的速度，有效减少遥感影像数据的"同质异谱"及"异质同谱"和基于像素分类的"椒盐"现象。

面向对象的土地利用分类包括影像分割和分类提取两部分。首先，根据影像像元的同质性自下而上合并形成影像对象；然后利用对象的空间特征和光谱特征通过最邻近分类，实现信息自动提取的目的。具体的土地利用类型数据解译方法的流程如图 6-3 所示。

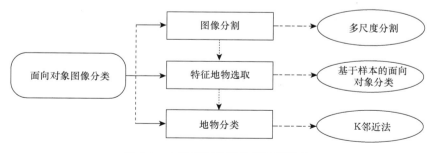

图 6-3　土地利用类型数据解译流程

本次土地利用解译的分类标准，综合考虑了我国土地利用和地表覆盖分类标准体系，项目实际需要，以及解译的工作量，按照耕地、林地、草地、灌木、湿地、水域、居民及建设用地、裸地八类进行解译，如图 6-4 所示。

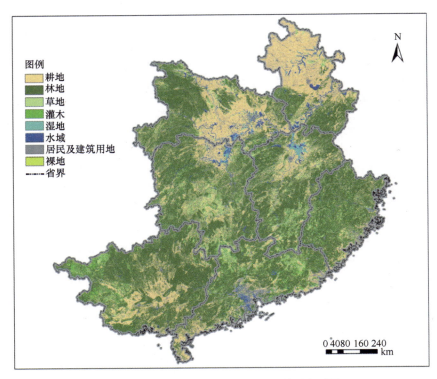

图 6-4　南方七省（自治区）土地利用类型图

　　根据土地利用类型统计图可以看出南方七省（自治区）中林地约占据面积最大，主要是南方七省（自治区）中丘陵面积较多；耕地占据其次，约为 24.07%，其他土地利用类型面积都较少（图 6-5）。

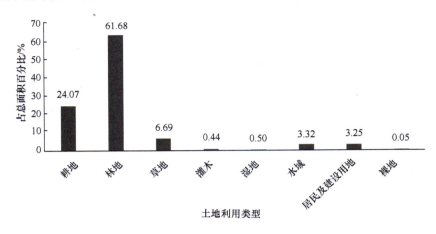

图 6-5　南方七省（自治区）土地利用类型统计图

6.2.3　植被覆盖度数据

　　植被覆盖度是指植被（包括叶、茎、枝）在地面的垂直投影面积占统计区域中总面积的百分比。通常采用地面测量和遥感估算的方法，较为实用的方法是利用植被指数近似估算植被覆盖度。植被指数是根据植物的光谱特性，将卫星可见光和近红外进行组合形成的各种植被指数。植被指数是对地表植被状况的简单有效的和经验的度量。本次研究中利用归一化植被指数 NDVI 计算植被覆盖度 f_v:

$$\text{NDVI} = \frac{\rho_{\text{NIR}} - \rho_{\text{RED}}}{\rho_{\text{NIR}} + \rho_{\text{RED}}} \qquad f_v = \frac{\text{NDVI} - \text{NDVI}_0}{\text{NDVI}_\text{V} - \text{NDVI}_0} \qquad (6\text{-}1)$$

式中，ρ_{NIR} 为红外波段反射率; ρ_{RED} 为红波段反射率; NDVI_0 为非植被覆盖部分的 NDVI; NDVI_V 是完全被植被覆盖部分的 NDVI。由于遥感影像上不可避免地存在噪声，NDVI_0 和 NDVI_V 一般取一定置信度范围内的最大最小值，置信度的取值主要根据图像实际情况来定。本次研究中我们通过统计研究区域的 NDVI 值的累积概率密度分布，分别取累积概率密度为 5%和 95%的 NDVI 值作为 NDVI_0 和 NDVI_V，进而计算出植被覆盖度 f_v。

数据源为 2014～2015 年的 30 米多光谱影像，包括美国陆地资源卫星 Landsat8 OLI 多光谱影像和中国环境减灾卫星（HJ-1）多光谱影像。解释后如图 6-6 所示。

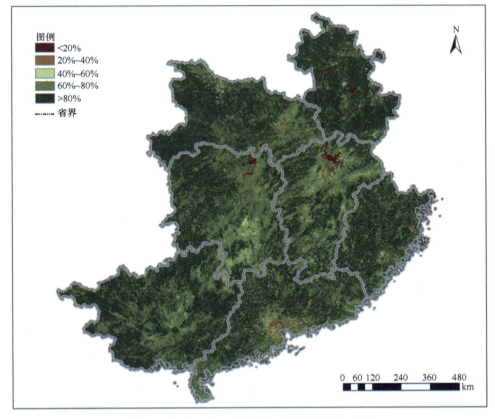

图 6-6　南方七省（自治区）植被覆盖度专题图

根据植被覆盖度统计图可以看出，南方七省（自治区）植被覆盖度大于 80%的面积占总面积的 64.93%，而在 20%至 40%植被覆盖度区间内，面积比有一个峰值，此区间占总面积的 14.60%（图 6-7）。

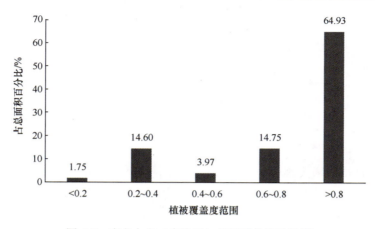

图 6-7　南方七省（自治区）植被覆盖度统计图

6.2.4　高　程　数　据

本章研究中使用的高程数据为 ASTER GDEM，即先进星载热发射和反射辐射仪全球数字高程模型，空间分辨率为 30 m（图 6-8）。该数据是根据 NASA 的新一代对地观测卫星 Terra 的详尽观测结果制作完成的。

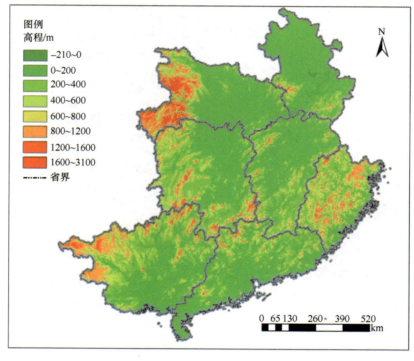

图 6-8　南方七省（自治区）高程专题图

南方七省（自治区）以低山丘陵地貌为主，如图 6-9 所示，高程在 0～100 m 的区

域占总面积的面积比最高，达 32.01%，崩岗大多发育的 200～500 m 区域面积占总面积
的比例约为 28%。

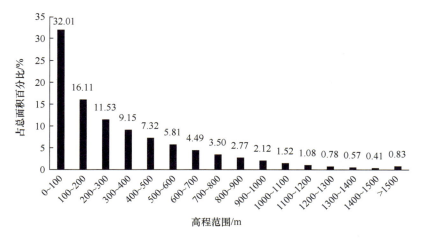

图 6-9　南方七省（自治区）高程统计图

6.2.5　坡　度　数　据

坡度是地表单元陡缓的程度，通常指坡面的垂直高度和水平距离的比。本次研究中
使用的坡度数据是利用 ArcMap 10.0 中 Spatial Analysit（空间分析模块）的 Slope 函数，
对填充后的南方七省（自治区）高程数据提取坡度，如图 6-10 所示。

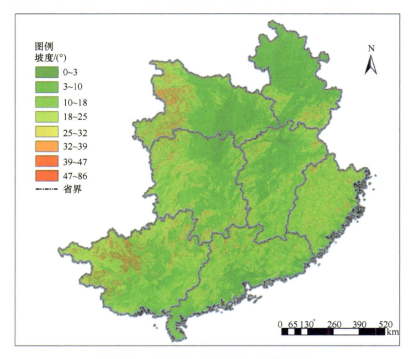

图 6-10　南方七省（自治区）坡度专题图

如图 6-11 所示，南方七省（自治区）中所占面积比最大的为坡度 0°~10°区域，崩岗多发的 10°~35°的区域面积约占 46%。

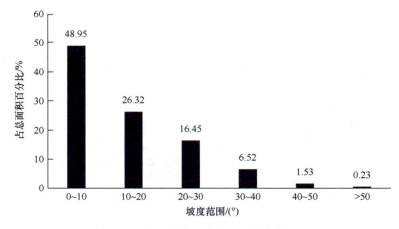

图 6-11　南方七省（自治区）坡度统计图

6.2.6　坡　向　数　据

坡向指坡面法线在水平面上的投影的方向。本次研究中使用的坡向数据是利用 ArcMap 10.0 中 Spatial Analysit（空间分析模块）的 Aspect 函数，对填充后的南方七省（自治区）高程数据提取坡向，如图 6-12 所示。

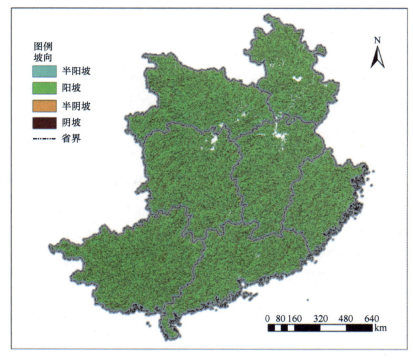

图 6-12　南方七省（自治区）坡向专题图

图 6-13 为南方七省（自治区）的坡向统计图。

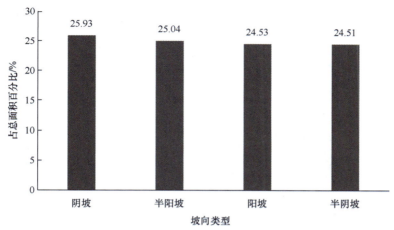

图 6-13　南方七省（自治区）坡向统计图

6.2.7　地形起伏度数据

地形起伏度是指在一个特定的区域内，最高点海拔与最低点海拔的差值。采用窗口分析法提取实验区的地形起伏度，$LER_i = E_{max} - E_{min}$，$LER_i$ 表示以第 i 个栅格为中心的窗口内的相对高差值，E_{max}、E_{min} 分别表示该窗口内的最大、最小高程值。地形起伏度如图 6-14 所示。

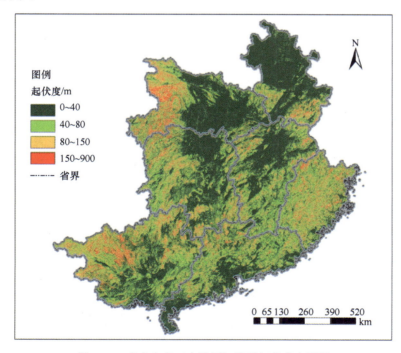

图 6-14　南方七省（自治区）地形起伏度专题图

如图 6-15 所示,南方七省(自治区)中起伏度 0~50m 区域的面积超过一半,50~100m 区域面积占比约为 33%,起伏度大于 100m 的区域面积占总体面积的 17%左右。

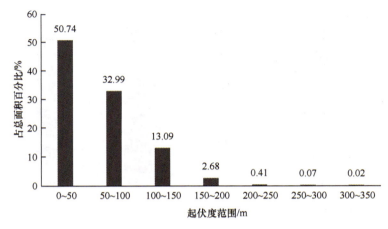

图 6-15 南方七省(自治区)地形起伏度统计图

6.2.8 降水量数据

本次研究中降水量数据由南方七省(自治区)531 个气象站点的降水量数据空间插值得到,数据通过中国气象数据网获取,如图 6-16 所示。

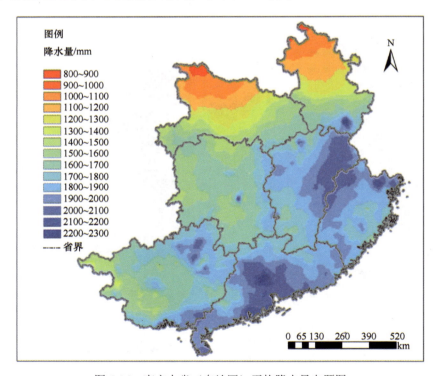

图 6-16 南方七省(自治区)平均降水量专题图

　　根据图 6-17，南方七省（自治区）平均降水量在 1400～1900mm 的区域占整个区域的面积比超过 70%，集中在东南部，而湖北、安徽北部区域平均降水量相对较少。

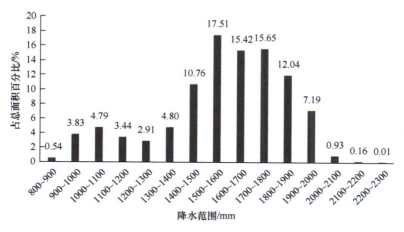

图 6-17　南方七省（自治区）平均降水量统计图

6.2.9　气温数据

　　本次研究的气温数据由南方七省（自治区）531 个气象站点的气温数据空间插值得到，数据通过中国气象数据网获取。

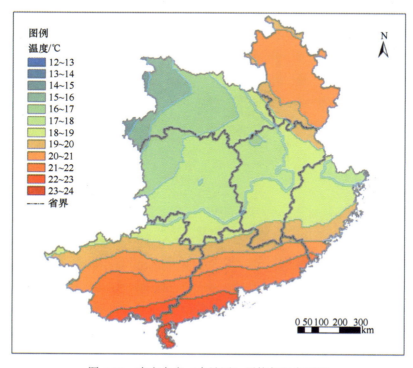

图 6-18　南方七省（自治区）平均气温专题图

　　南方七省（自治区）年均气温主要在 16～22℃，所占面积比约为 68%，根据图 6-19，崩岗严重发生区域的年均温 18℃的等温线以南面积占总面积的 61%左右。

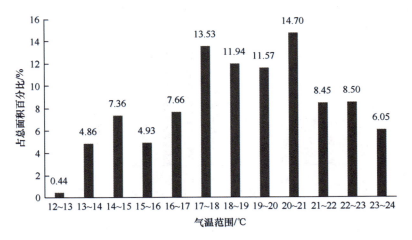

图 6-19　南方七省（自治区）平均气温统计图

6.2.10　地　质　数　据

　　本次研究中的地质数据通过扫描《1∶250 万中国地质图》中的图件，进行点、线、面的矢量化跟踪得到（图 6-20）。《1∶250 万中国地质图》是由中国地质调查局于 2004 年编著的。

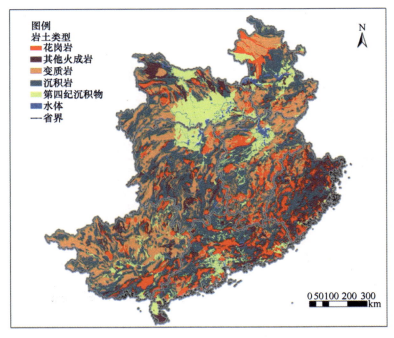

图 6-20　南方七省（自治区）地质类型专题图

根据图 6-21，南方七省（自治区）中沉积岩所占面积比例最高，为 34.85%，其次是变质岩为 28.52%，花岗岩占 16.02%，其他火成岩比例为 7.18%，第四纪沉积物面积所占比例是 12.05%。

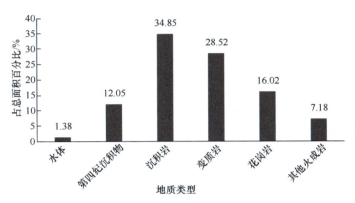

图 6-21　南方七省（自治区）地质类型统计图

6.2.11　土壤类型数据

本次研究中使用的土壤类型数据为第二次全国土地调查 1∶100 万土壤数据，通过世界土壤数据库（HWSD）获取，如图 6-22 所示。

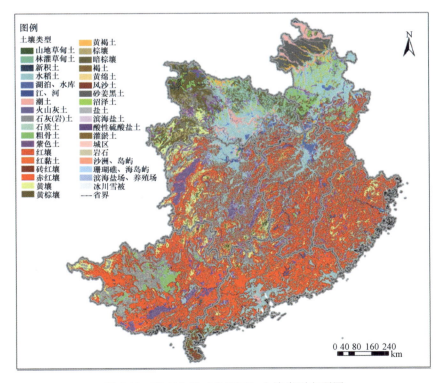

图 6-22　南方七省（自治区）土壤类型专题图

南方七省（自治区）的土壤种类繁多，如图 6-23 所示，土壤主要以红壤为主，其面积比占 34.6%，兼有水稻土、赤红壤、石灰（岩）土、黄棕壤、紫色土、潮土、粗骨土、砂姜黑土、黄褐土、棕壤等。

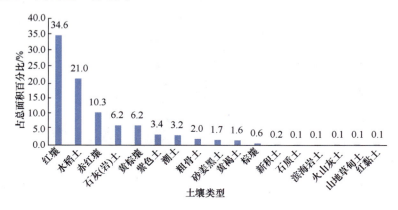

图 6-23　南方七省（自治区）土壤类型统计图

6.3　崩岗侵蚀风险评估指标筛选

在崩岗侵蚀风险评估指标基础数据收集与处理完成的情况下，进行崩岗侵蚀风险评估的下一步工作需根据风险评估指标筛选的原则和方法，进行研究区风险评估指标筛选和评估尺度确定。

已有的研究发现，崩岗侵蚀是大量因子相互作用的复杂过程，主要受地形、地质、土壤、土地利用、植被、降水、气温等诸多因素的控制。一般情况下，影响崩岗侵蚀发生和分布的因素随地理位置不同而不同，因此要在众多的影响因子中选择主要的影响因子。

6.3.1　风险评估因子分析

1. 气候因子

气候对崩岗的形成发育及分布的影响不仅表现在热带、亚热带的暖湿气候，有利于厚层风化壳的形成，为崩岗发育奠定物质基础，同时充沛的降雨和频繁高强度的暴雨为崩岗发育提供了主要外部动力和触发因素。

通过将多年平均降水量矢量图叠加崩岗分布点信息进行统计分析，如图 6-24 所示，崩岗点主要分布在年平均降水量 1300～2000mm 区域内，占总量的 95%以上。不同降水量区域范围内崩岗分布数量有明显差异，其中在年均降水量 1600～1700mm 的区域崩岗分布数量最多，达到 6.17 万个，占总量的 28.83%。

温度是引起岩石物理风化的重要条件，中国南方丰富的热量使花岗岩、砂岩等母质产生强烈的风化过程，促进岩石的崩解，花岗岩等的风化物自北向南逐渐增厚，为崩岗发育提供了条件。

通过将多年平均气温矢量图叠加崩岗分布点信息进行统计，分析在不同气温条件下

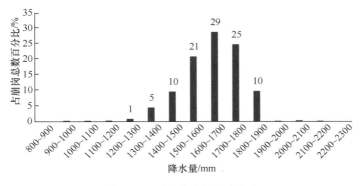

图 6-24 不同降水量崩岗分布

崩岗数量分布情况。如图 6-25 所示，崩岗点主要分布在年平均气温 15～22℃区域内，占总量的 99% 以上。在 17～21℃区域内崩岗分布数量有 1 个峰值，占总量 78%的崩岗集中分布在此区域内。

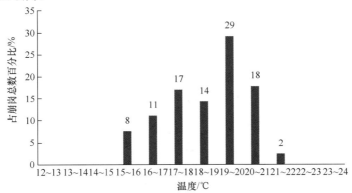

图 6-25 不同气温崩岗分布

2. 地形因子

地形地貌是影响崩岗侵蚀的关键因子之一。研究区山地丘陵面积大，地形起伏较大，对崩岗侵蚀有直接的影响。通过将地形图叠加崩岗分布点信息分析，长坡、阳坡和山脊等处易出现崩岗，而陡坡、阴坡和山凹出现崩岗较少。由于阳坡所接受的总辐射量较多，土体风化较强，风化壳深度较厚，土体由于热力差异大和干湿交替作用频繁，风化节理也较多。如图 6-26 所示，崩岗主要发育在海拔 500m 以下的丘陵区，少部分发育在海拔 500m 以上的山地。海拔 500m 以下的丘陵区崩岗分布数量达 22.89 万个，占崩岗总量的 95%以上。起伏度在 30～120m、坡度在 10°～35°、坡长在 50～150m 的阳坡分布最多，如图 6-26～图 6-29 所示。

3. 土壤因子

通过将土壤图与崩岗分布点信息进行叠加处理，如图 6-30 所示，崩岗分布点的土壤种类主要以赤红壤、红壤为主，兼有黄壤、黄棕壤、砖红壤等，分布数量及所占比例分别为赤红壤 11.90 万个，占 49.78%；红壤 10.53 万个，占 44.04%；黄壤 0.55 万个，

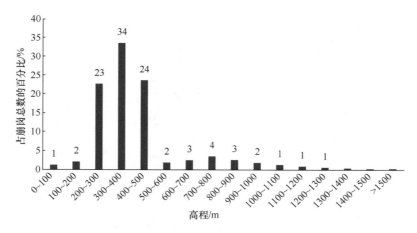

图 6-26　不同高程崩岗分布

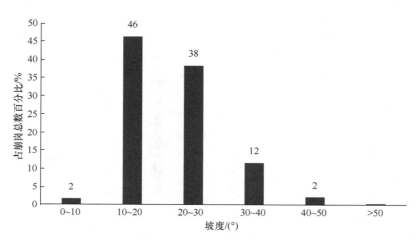

图 6-27　不同坡度崩岗分布

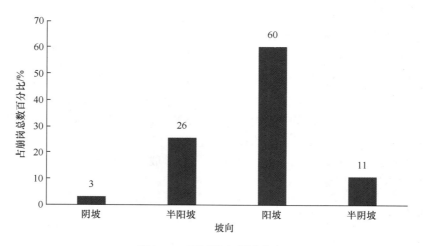

图 6-28　不同坡向崩岗分布

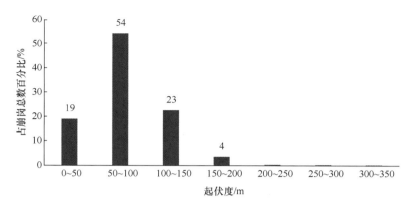

图 6-29　不同起伏度崩岗分布

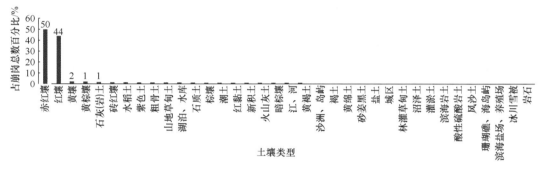

图 6-30　不同土壤类型崩岗分布

占 2.30%；黄棕壤 0.23 万个，占 0.96%；砖红壤 0.11 万个，占 0.45%；其他 0.59 万个，占 2.47%。其中在赤红壤、红壤、砖红壤等红壤类土壤地带的崩岗分布数量为 22.54 万个，占总量的 94.27%。

发育于花岗岩的红壤，土体中含较多的石英砂砾，抗蚀力差；发育于第四纪红色黏土的红壤，具有"板、酸、瘦、黏、蚀"的特点。一旦表层土、网纹层被破坏，母质风化层难以抵抗水力侵蚀，因此在风化花岗岩低山丘陵区、红壤区容易产生崩岗侵蚀。

4. 地质因子

疏松深厚的风化壳是崩岗发生的物质基础和内在原因。尤其是花岗岩在研究区内分布广泛，在南方温暖湿热的条件下生物化学作用强烈形成了深厚的风化壳一般可达 10～50m，石英沙粒含量高，结构松散，孔隙度大，渗透力强，降雨时土壤水分极易达到饱和并超过土壤塑限，在地表径流和重力作用下，土体极易崩塌形成崩岗。调查结果表明，大多数的崩岗侵蚀主要发生在花岗岩风化壳之上，如图 6-31 所示，花岗岩上崩岗点分布有 13.09 万个，占总量的 54.75%。

5. 植被因子

植被条件对土壤起着直接保护作用。但由于长期受人为活动的影响，特别是大炼钢铁时期，大片树木遭到砍伐，山上植被不断减少，群落结构不断退化。植被的破坏，控

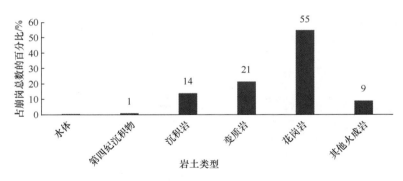

图 6-31　不同岩土类型崩岗分布

制水土流失的作用就相对减弱,径流量和冲刷量相对增大,对土层结构造成极大的破坏,致使面蚀和沟蚀日益加剧,在重力作用下,逐渐形成崩岗侵蚀。如图 6-32 所示,崩岗分布随植物覆盖度增加呈现出先减少后增加再减少的趋势,在植被覆盖度小于 0.2 和 0.6~0.8 时,崩岗分布最多,占崩岗总数的 61%。而植被覆盖度 0.4~0.6 和大于 0.8 时,崩岗出现较少。植被不仅对土壤地表起着直接保护作用,而且其根系对土壤具有固结作用,水土保持效益显著,不易发生崩塌。然而,根据大量野外调研发现,很多植物条件很好的地方依然有较多的崩岗发育,或许原因是植被使大量的风化物在原地堆积,为滑坡、崩塌的发生提供了物质条件,而且,植被能促进水分入渗,从而使土体容重增加,抗滑强度降低。

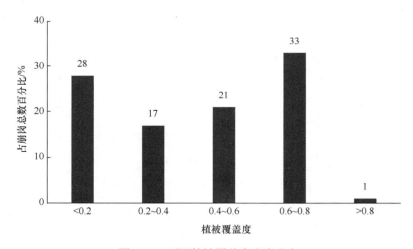

图 6-32　不同植被覆盖度崩岗分布

6. 人为因子

地质、气候、植被等各类自然要素对我国南方地区的崩岗侵蚀产生综合影响,但社会因素尤其是人类不合理的开发建设活动在现代崩岗的发育中扮演着越来越重要的角色。在人类背离自然规律活动的影响下,多使这一矛盾向有利于侵蚀力的方向发展。南方低丘区是居民点集中人口密度大的区域,由于历史原因,规划区曾出现过多次乱砍滥伐,人为破坏了山上原有植被,致使地表大面积裸露,径流加剧,切沟加深,使崩岗的数量和面积日增大。另外，在现实生产生活实践中，开发建设、顺坡耕作、采沙取土等生产活动缺乏水土保持措施，经地面径流的长期冲刷、下切后，容易形成崩岗。鉴于方便数据获取，本研究通过土地利用类型代表人为活动影响。如图 6-33 所示，崩岗主要分布林地、草地，占崩岗总数的 96%，在灌木、耕地中偶有发生，其他土地利用类型基本没有崩岗。

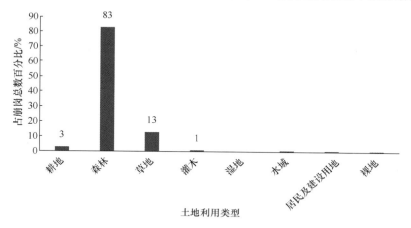

图 6-33　不同土地利用类型崩岗分布

6.3.2　崩岗侵蚀密度

根据研究区的实际情况和崩岗侵蚀状况，选择了土地利用、植被覆盖度、高程、坡度、坡向、起伏度、降水量、气温、岩土类型、土壤类型等 10 个参评因子类进行分析。在 ARCGIS 中，利用地理分析功能来实现 10 个因子类中各种因子与崩岗侵蚀的分布点叠加，计算出各因子的崩岗侵蚀密度。

崩岗侵蚀密度根据基数不同，又可分为面积密度和数量密度。其中崩岗侵蚀面积密度是指某一因子 X_i 单位面积里发生的崩岗个数。

$$D_{\text{area}}(i) = \frac{N(SX_i)}{\text{Area}(X_i)} \times 100 \tag{6-2}$$

式中，$N(SX_i)$ 为因子 X_i 发生崩岗个数；$\text{Area}(X_i)$ 是因子 X_i 的面积，km^2。

崩岗侵蚀数量密度是指某一因子 X_i 发生的崩岗占崩岗总数的百分比。

$$D_{\text{number}}(i) = \frac{N(SX_i)}{N} \times 100 \tag{6-3}$$

式中，$N(SX_i)$ 为因子 X_i 发生崩岗个数；N 为崩岗总数。

6.3.3　评估指标筛选

根据崩岗侵蚀的分布特点，对环境因子进行简单的分析，直接剔除一些相关性较差的因子，从中筛选出对崩岗侵蚀有较大相关性的因子，作为本次研究的评价指标集。

基于以上这些统计数据，将一些崩岗侵蚀个数密度远低于平均值的因子选出来，这些因子对崩岗侵蚀的影响很小，相关性比较差，可以直接剔除。在此基础上，选择了高程、降水、岩土类型等 9 个因子类的 40 个因子，作为崩岗侵蚀风险评估的因子集合。

表 6-1 为计算得到的研究区各因子崩岗侵蚀密度。

表 6-1　各因子崩岗侵蚀密度

因子类	因子	崩岗侵蚀面积密度	崩岗侵蚀数量密度
降水量	1300～1400mm	16.20	4.51
	1400～1500mm	15.41	9.63
	1500～1600mm	20.56	20.89
	1600～1700mm	32.21	28.83
	1700～1800mm	27.30	24.79
	1800～1900mm	14.07	9.82
岩土类型	沉积岩	6.97	13.94
	变质岩	13.08	21.42
	花岗岩	59.48	54.75
	其他火成岩	21.71	8.96
土壤类型	赤红壤	27.65	49.97
	红壤	74.03	43.97
	黄壤	2.30	1.16
坡度	10°～20°	30.61	46.27
	20°～30°	40.51	38.28
	30°～40°	30.85	11.55
	40°～50°	24.21	2.13
高程	100～200m	2.25	2.10
	200～300m	34.04	22.79
	300～400m	63.35	33.66
	400～500m	55.87	23.73
	500～600m	5.68	1.92
	600～700m	9.74	2.54
	700～800m	17.46	3.55
	800～900m	16.26	2.62
	900～1000m	15.39	1.89
	1000～1100m	15.29	1.35
起伏度	0～50m	6.54	19.07
	50～100m	28.69	54.36
	100～150m	30.09	22.62
	150～200m	23.32	3.58
坡向	半阳坡	17.90	25.73
	阳坡	42.79	60.26
	半阴坡	7.70	10.83
植被覆盖度	<0.2	302.20	28.00
	0.2～0.4	21.98	17.00
	0.4～0.6	99.79	21.00
	0.6～0.8	42.24	33.00
土地利用	林地	82.88	26.62
	草地	12.90	38.20

6.3.4 评 价 尺 度

GIS 的数据类型可以分为栅格、矢量和混合 3 种表达类型。崩岗侵蚀风险评估往往考虑多种环境因子的影响，需要多个图层的叠加分析，因此，为了便于空间叠加等分析，常使用支持栅格数据结构的 GIS 软件或利用 GIS 软件的栅格分析功能。基于栅格 GIS 的崩岗侵蚀风险评估的首要工作就是确定评价单元的大小，在本章中就是采样网格单元的大小。

采样网格尺度对崩岗侵蚀风险评估的影响是通过影响崩岗侵蚀风险评估因子来实现的，其影响在风险评估过程中逐步传递。采用各因子类中各因子的崩岗侵蚀个数密度来表示评价尺度对崩岗侵蚀风险评估的影响。本次研究中，综合考虑采样精度和处理效率，选取 30m×30m 为采样网格大小。

6.4 崩岗侵蚀风险评估

根据崩岗侵蚀风险内涵，某个栅格崩岗侵蚀风险度量表示为

$$
\begin{aligned}
R_i &= R_{ei} + R_{li} \\
R_{ei} &= P_i + C_{ei} \\
R_{li} &= P_i + C_{li}
\end{aligned}
\tag{6-4}
$$

式中，R_i 为某个栅格崩岗侵蚀风险值；R_{ei} 为某个栅格崩岗侵蚀生态危害风险值，R_{li} 为某个栅格崩岗侵蚀经济损失风险值；P_i 为某个栅格发生崩岗的可能性；C_{ei} 为某个栅格崩岗侵蚀可能造成的生态危害；C_{li} 为某个栅格崩岗侵蚀可能造成的经济损失。

某个栅格发生崩岗的可能性 P_i 确定是风险评估工作的核心和关键，在本研究中分别采用双变量统计分析和 Logistic 模型两种方法进行计算，具体方法和计算过程将在后文详细论述。

某个栅格崩岗侵蚀可能造成的生态危害 C_{ei}，本节研究认为崩岗侵蚀只要发生，必然对生态造成危害，且不同栅格没有区别，鉴于评估要素的简化，所以本节研究将 C_{ei} 取值界定为 1，也就是说崩岗侵蚀生态危害风险 R_{ei} 数值大小等同于某个栅格发生崩岗的可能性 P_i。

某个栅格崩岗侵蚀可能造成的经济损失 C_{li}，鉴于实际可操作性，通过崩岗侵蚀可能对不同土地利用造成危害表示崩岗侵蚀经济损失风险。同理，鉴于评估要素的简化，所以本研究将 C_{li} 取值界定为 1，但不同栅格即不同土地利用经济损失不一，即权重表现不一（0~1 之间，总权重不大于 1），不同土地利用权重获取采用专家打分法，通过对长期从事崩岗侵蚀研究的 5 名专家寄送调查问卷，征询崩岗侵蚀可能对不同土地利用类型造成的经济损失权重，经汇总统计，不同土地利用类型经济损失权重如表 6-2 所示。

表 6-2　　不同土地利用类型危害权重值

土地利用类型	崩岗侵蚀危害权重					
	专家 1	专家 2	专家 3	专家 4	专家 5	平均值
居民及建设用地	0.50	0.40	0.40	0.40	0.45	0.43
耕地	0.20	0.30	0.30	0.35	0.25	0.28
水域	0.15	0.10	0.15	0.15	0.15	0.14
湿地	0.15	0.20	0.15	0.10	0.15	0.15
林地	0.00	0.00	0.00	0.00	0.00	0.00
灌木	0.00	0.00	0.00	0.00	0.00	0.00
草地	0.00	0.00	0.00	0.00	0.00	0.00
裸地	0.00	0.00	0.00	0.00	0.00	0.00
合计	1.00	1.00	1.00	1.00	1.00	1.00

6.4.1　基于熵信息的双变量风险评估

崩岗侵蚀现象受多种因素的影响。各种因素所起作用的大小、性质是不相同的。在各种不同的环境中，对于崩岗侵蚀而言总会存在一种最佳因素组合，因此对于区域崩岗侵蚀风险预测要综合研究最佳因素组合，而不是停留在单个因素上。信息预测的观点认为崩岗侵蚀产生与否与预测过程中所获取的信息的数量和质量有关，可用信息量来衡量：

$$I\left(y, x_1, x_2, \cdots, x_n\right) = \log_2 \frac{P\left(y \mid x_1, x_2 \cdots x_n\right)}{P_y} \tag{6-5}$$

可进一步写成

$$I\left(y, x_1, x_2, \cdots, x_n\right) = I\left(y, x_1\right) + I\left(y, x_2\right) + I_{x_1, x_2, \cdots, x_{n-1}}\left(y, x_n\right)$$

式中，$I\left(y, x_1, x_2, \cdots, x_n\right)$ 为具体因素组合 $x_1, x_2, \cdots, x_n$ 对崩岗侵蚀提供的信息量；$P\left(y \mid x_1, x_2 \cdots x_n\right)$ 为因素 $x_1, x_2, \cdots, x_n$ 组合条件下崩岗侵蚀发生的概率；$P\left(y\right)$ 为崩岗侵蚀发生的概率；$I_{x_1, x_2, \cdots, x_{n-1}}$ 为因素 $x_1, x_2, \cdots, x_n$ 存在条件下，因素 x_n 对崩岗侵蚀所提供的信息量；表明因素组合 $x_1, x_2, \cdots, x_n$ 对崩岗侵蚀所提供的信息量等于因素 x_1 提供的信息量加上 x_1 确定后 x_2 对崩岗侵蚀提供的信息量，直至 $x_1, x_2, \cdots, x_{n-1}$ 确定后 x_n 对崩岗侵蚀提供的信息量。

崩岗侵蚀发生概率的预测是在对研究区进行单元划分的基础上进行的，可以是在网格单元也可以是均一条件单元，在本章中是以 30m 的网格单元来划分研究区的。在具体运算中，假定研究区的总面积为 A，已知的崩岗侵蚀面积为 A，某因子的面积为该因子条件下的崩岗侵蚀单元数为 S_i，则因子对崩岗侵蚀所提供的信息量为

$$I_i = \log_2 \frac{S_i / S}{A_i / A} = \log_2 \frac{D(i)}{\text{AVER}\left(D(1), D(2), \cdots, D(n)\right)} \tag{6-6}$$

某一单元的信息总量：

$$I = \sum_{i=0}^{n} I_i = \sum_{i=0}^{n} \log_2 \frac{S_i / S}{A_i / A} = \sum_{i=0}^{n} \log_2 \frac{D(i)}{\mathrm{AVER}\big(D(1), D(2), \cdots, D(n)\big)} \qquad (6\text{-}7)$$

其中，n 为因子总数；$D(i)$ 为因子 x_1 的崩岗侵蚀密度；$\mathrm{AVER}\big(D(1), D(2), \cdots, D(n)\big)$ 为研究区的平均崩岗侵蚀密度

由此，可计算出各因子的信息量值，如表 6-3 所示。

表 6-3　各因子信息量值

因子类	因子	崩岗侵蚀面积密度信息量	崩岗侵蚀数量密度信息量
降水量	1300～1400mm	2.33	2.17
	1400～1500mm	4.02	3.27
	1500～1600mm	3.95	4.39
	1600～1700mm	4.36	4.85
	1700～1800mm	5.01	4.63
	1800～1900mm	4.77	3.30
岩土类型	沉积岩	2.80	3.80
	变质岩	3.71	4.42
	花岗岩	5.89	5.77
	其他火成岩	4.44	3.16
土壤类型	赤红壤	4.79	5.64
	红壤	6.21	5.46
	黄壤	1.20	0.21
坡度	10°～20°	4.94	5.53
	20°～30°	5.34	5.26
	30°～40°	4.95	3.53
	40°～50°	4.60	1.09
高程	100～200m	1.17	1.07
	200～300m	5.09	4.51
	300～400m	5.99	5.07
	400～500m	5.80	4.57
	500～600m	2.51	0.94
	600～700m	3.28	1.34
	700～800m	4.13	1.83
	800～900m	4.02	1.39
	900～1000m	3.94	0.92
	1000～1100m	3.93	0.43
起伏度	0～50m	2.71	4.25
	50～100m	4.84	5.76
	100～150m	4.91	4.50
	150～200m	4.54	1.84

续表

因子类	因子	崩岗侵蚀面积密度信息量	崩岗侵蚀数量密度信息量
坡向	半阳坡	4.16	4.69
	阳坡	5.42	5.91
	半阴坡	2.94	3.44
植被覆盖度	<0.2	8.24	4.81
	0.2～0.4	4.46	4.09
	0.4～0.6	6.64	4.39
	0.6～0.8	5.40	5.04
土地利用	林地	6.37	4.73
	草地	3.69	5.26

1. 崩岗侵蚀生态危害风险评估

从各变量的信息量值的大小可以看出，影响因子最大的是的花岗岩、红壤类土壤、海拔 500m 以下丘陵区、年均降水量 1600～1700mm 等。根据各因子的信息量所建立的崩岗发生信息量预测方程为

$$P_i = 2.33X_1 + 4.02X_2 + \cdots + 3.69X_{40} \quad （根据面积密度） \tag{6-8}$$

$$P_i = 2.17X_1 + 3.27X_2 + \cdots + 5.26X_{40} \quad （根据数量密度） \tag{6-9}$$

在 Arcgis 平台中，根据公式将所有因子图层进行叠加运算，并归一化得到全要素综合信息量图，即崩岗侵蚀发生可能性分布图 6-34。

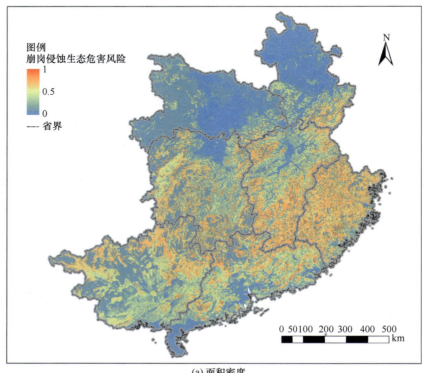

(a) 面积密度

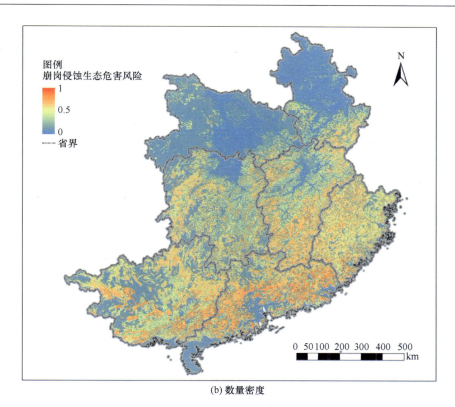

(b) 数量密度

图 6-34　南方七省（自治区）崩岗侵蚀发生可能性分布图（双变量）

从图 6-34 可以看出，在通过面积密度计算的发生可能性在福建和江西估计的值较高，而基于数量密度则在广东估计的值较高，两种方法计算的整体分布较为一致。

将崩岗侵蚀发生可能性与崩岗点叠加可得图 6-35。

此外，将发生可能性分布图与崩岗分布图进行叠加，结果显示，高风险分布趋势与崩岗分布高度一致。同时，通过对比存在崩岗发生的采样网格数和崩岗侵蚀发生可能性大于 0.7 的采样网格数评价预测精度。评价结果的精度 E 以经验的概率形式来表示：

$$E = \frac{N_{0.7}}{N_{Pf}} \tag{6-10}$$

式中，N_{Pf} 为存在崩岗侵蚀的采样网格总数；$N_{0.7}$ 为崩岗侵蚀发生可能性大于 0.7 的区域中存在崩岗侵蚀的采样网格数。

经计算，基于面积密度发生可能性评估精度为 81.59%，基于面积密度发生可能性评估精度为 83.74%，两种发生可能性评估结果均能概括绝大部分的崩岗侵蚀分布点，通过熵信息的双变量评估方法对崩岗侵蚀发生可能性评估是可行的。

鉴于崩岗侵蚀生态危害风险 R_{ei} 数值大小等同于发生崩岗的可能性 P_i，因此，崩岗侵蚀生态危害风险如图 6-35 所示。

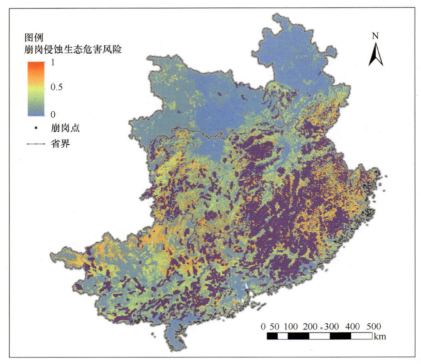

(a) 面积密度

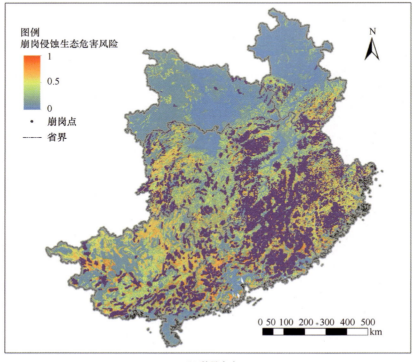

(b) 数量密度

图 6-35 南方七省（自治区）崩岗侵蚀发生可能性与崩岗点叠加图（双变量）

2. 崩岗侵蚀经济损失风险评估

获取崩岗发生可能性的基础上，根据式 $R_{li} = P_i \cdot C_{li}$ 和表 6-3 计算崩岗侵蚀经济损失风险，归一化处理后绘制出崩岗侵蚀经济损失风险图，如图 6-36 所示。

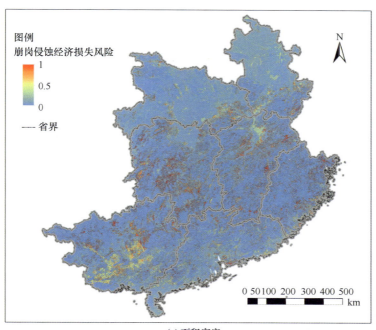

(a) 面积密度

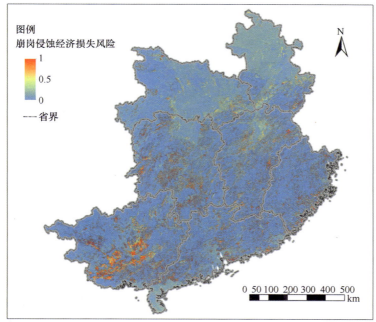

(b) 数量密度

图 6-36　南方七省（自治区）崩岗侵蚀经济损失风险图（多变量）

从图 6-36 可以看出，南方七省（自治区）经济损失风险总体较轻微，在广西、湖南、江西危害风险相对较高，但比较零碎。不同密度计算方法绘制的风险图之间对比，崩岗侵蚀经济损失风险态势分布及风险值差异不大。

3. 崩岗侵蚀风险分级分类

将崩岗侵蚀生态危害风险与经济损失风险进行叠加，即为崩岗侵蚀风险，归一化处理后重新计算出南方七省（自治区）崩岗侵蚀风险，按风险值等距划分原则，将崩岗侵蚀风险划分为 5 级，可得到南方七省（自治区）崩岗侵蚀风险分级图，如表 6-4 和图 6-37 所示。

表 6-4　崩岗侵蚀风险等级划分标准

等级	等级描述	风险值	占总面积比例/%	
			面积密度	数量密度
1	低风险	0～0.2	48.24	47.27
2	较低风险	0.2～0.4	20.04	18.38
3	中风险	0.4～0.6	30.55	32.93
4	较高风险	0.6～0.8	1.17	1.42
5	高风险	0.8～1	0.01	0.01

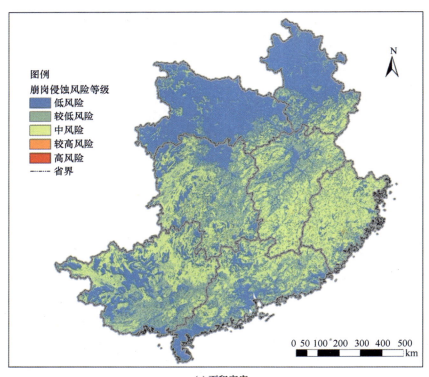

(a) 面积密度

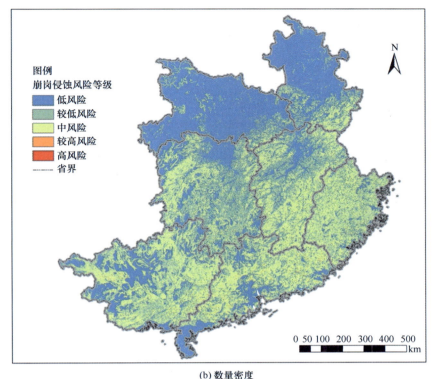

(b) 数量密度

图 6-37 南方七省（自治区）崩岗侵蚀风险分级图

从表 6-5、图 6-37 可以看出，南方七省（自治区）崩岗侵蚀以低风险为主，占七省（自治区）总面积的 47% 以上，其次是中风险，占南方七省（自治区）总面积的 31% 左右。较高及以上风险主要分布在江西、福建、广东等省。不同密度计算方法绘制的风险等级图之间对比，崩岗风险态势分布及等级差异不大。

6.4.2 基于 Logistics 回归的多变量风险评估

大多数统计方法中，因变量是一个分类变量而不是连续变量，在分析分类变量时，通常采用的一种统计方法是对数线性模型（log-linear model），本研究中，采用它的一种特殊形式——Logistic 回归模型。

Logistic 模型：

$$P(y = 1/x) = \frac{1}{1 + e^{-\varepsilon}} \tag{6-11}$$

式中，$\varepsilon = \alpha + \beta x$ 为一系列影响事件发生的概率的因素的线性函数。

Logistic 回归的 logit 变换也称自然对数转换，将非线性函数转变为线性函数：

$$\log \mathrm{it}(y_i) = \log \mathrm{it} P_i = \ln \frac{P_i}{1 - P_i} = \alpha + \beta x_i \tag{6-12}$$

对于 k 个自变量的情况,

$$\log itP = \alpha + \beta_1 x_1 + \beta_2 x_2 + \cdots + \beta_n x_n \tag{6-13}$$

相应的逻辑回归模型,

$$P = \frac{e^{\alpha + \beta_1 x_1 + \beta_2 x_2 + \cdots + \beta_n x_n}}{1 + e^{\alpha + \beta_1 x_1 + \beta_2 x_2 + \cdots + \beta_n x_n}} \tag{6-14}$$

自变量取定一些值时,因变量取 0、1 的概率就是条件概率,对条件概率进行 Logistic 回归,称为条件 Logistic 回归。

当得到实际问题的经验回归方程后,不能立即用它去进行分析和预测,因为回归方程是否真正描述了因变量和自变量之间的统计规律性,还需用统计方法对回归方程和回归系数进行假设检验。逻辑回归常提供以下系数进行对比和检验:回归系数估计量的标准差(S.E.),回归系数检验的统计量值(Wald),而 Wald 检验的显著性概率(Sig),标准化的回归系数(β^*)等。

$$S.E. = \sqrt{\text{Var}(\beta)} \tag{6-15}$$

$$Wald = \frac{\beta^2}{\text{Var}(\beta)} \tag{6-16}$$

$$\beta^* = \frac{\beta S_x}{1.8138} \tag{6-17}$$

式中, S_x 为 x 的标准差。

Sig 值表示计量结果对应的精确显著性水平。要检验假设一般都是某个回归系数等于 0 的原假设。因此在系数为 0 的原假设为真的条件下,Sig 值是得到其系数估计不小于已知估计系数的新样本数据的概率。在原假设为真时,Sig 值越小就越不可能出现这种情况。反过来,较大的 Sig 值意味着样本数据支持原假设。实质上 Sig 值就是放弃真错误的真实概率,即检验的真实显著性。

S.E.的大小反映了估计量取值波动程度。一般情况下,Wald 值越大或 Sig 值越小,则自变量在回归方程中的重要性越大。

标准化的回归系数表示自变量一个标准差的变化所导致的因变量上以其标准差为单位测量的变化。在应用标准化因变量和多个标准化自变量的模型中,所有自变量与因变量的关系都是以同样的单位测量的。所以,虽然其原始变量是以不同尺度测量的,但通过标准化后自变量对因变量的作用便具可比性。

1. 崩岗侵蚀生态危害风险评估

某个栅格崩岗侵蚀发生可能性 P_i 计算采用 Logistic 模型,即所有的相关因子都以一定大小的网络单元作为样本单元,确定每个样本单元中有或没有崩岗侵蚀,从而生成一个相关矩阵,然后用 Logistic 模型对矩阵进行回归分析,以此确定各因子类的权重。Logistic 模型是一种对二分类因变量进行回归分析时经常采用的非线性分类统计方法,该模型通过对已知栅格随机采样对二值响应的因变量和分类自变量进行回归建模,然后根据建立的模型可对未知的每个栅格崩岗侵蚀可能发生的概率进行预测,进而依据发生概率大小进行发生风险评估，公式如下：

$$P_i = \frac{\exp\left(a + b_1 x_1 + b_2 x_2 + \cdots + b_n x_n\right)}{1 + \exp\left(a + b_1 x_1 + b_2 x_2 + \cdots + b_n x_n\right)}$$ （6-18）

式中，P_i 为每个栅格出现崩岗侵蚀的概率（P_i 在 0～1 之间），即出现崩岗侵蚀的地方为 1，不出现崩岗侵蚀的地方为 0；x_1，x_2，…，x_n 为崩岗侵蚀发生的 n 个影响因子；a 为常数项；b_i 为 Logistic 的回归系数。

考虑影响因子的定量表达，统一采用崩岗侵蚀密度进行赋值，即指某一因子 X_i 某水平发生的崩岗占崩岗总数的百分比。

$$D(i) = \frac{N\left(SX_i\right)}{N} \times 100$$ （6-19）

式中，$N\left(SX_i\right)$ 为因子 X_i 某水平发生的崩岗个数；$D(i)$ 为崩岗侵蚀密度，分别基于面积密度和数量密度进行计算；N 为崩岗总数。

选择了土地利用、植被覆盖度、高程、坡度、坡向、起伏度、降水量、气温、岩土类型、土壤类型等 10 个参评因子类进行分析。在研究区对有崩岗侵蚀和没有崩岗侵蚀的区域各随机采样 10000 个采样网格单元，共得到 20000 个各因子中存在崩岗侵蚀与否的记录，对初步筛选的 10 个因子与崩岗进行 Logistic 回归分析，结果发现高程、坡向、降水、气温因子的显著性不高，分析原因可能是起伏度等地形因子已含有一定高程信息，对崩岗发生影响更敏感，坡向分为四个方向不够细致，而降水、气温分辨率太粗，所以这几类因子显著性不高。因此，将高程、坡向、降水、气温因子予以剔除，最终将坡度、起伏度、植被覆盖、土壤类型、土地利用、岩土类型等 6 个因子与崩岗进行 Logistic 回归分析，结果见表 6-5 和表 6-6。结果显示，各因子均达到极显著水平，说明回归有效。

表 6-5　面积密度回归系数

因子	回归系数 B	标准误差 S.E.	Wald	自由度 df	显著水平 Sig.	exp（B）
坡度 slope	1.027	0.087	140.839	1	0.000	2.793
土地利用 LU	1.337	0.048	779.699	1	0.000	3.808
岩土类型 rock	2.047	0.102	403.153	1	0.000	7.748
土壤类型 soil	1.630	0.072	514.889	1	0.000	5.102
植被覆盖度 VFC	−2.160	0.180	143.679	1	0.000	0.115
起伏度 hypsography	0.430	0.095	20.586	1	0.000	1.537
常数 constant	−2.018	0.049	1725.186	1	0.000	0.133

同时，再进一步进行准确性检验，见表 6-7 和表 6-8。结果显示，在随机采样的 20000 个网格中，基于面积密度计算准确性检验总体达 78.35%，准确度较高，其中对未发生崩岗的准确性为 75.07%，发生崩岗的准确性为 81.63%；基于数量密度计算准确性检验总体 80.04%，准确度较高，其中对未发生崩岗的准确性为 7.98%，发生崩岗的准确性为 82.09%，说明按此回归结果进行崩岗发生风险预测是可行的。

表 6-6   数量密度回归系数

因子	回归系数 B	标准误差 S.E.	Wald	自由度 df	显著水平 Sig.	exp（B）
坡度 slope	0.336	0.112	9.102	1	0.000	1.400
土地利用 LU	1.274	0.067	359.239	1	0.000	3.574
岩土类型 rock	1.291	0.127	103.520	1	0.000	3.637
土壤类型 soil	3.573	0.616	193.659	1	0.000	2.230
植被覆盖度 VFC	−0.613	0.208	8.662	1	0.000	0.542
起伏度 hypsography	1.101	0.366	278.511	1	0.000	3.073
常数 constant	−4.120	0.123	327.412	1	0.000	0.013

表 6-7   面积密度准确性检验

实际值 Observed		预测值 Predicted		
		崩岗		准确率
		0	1	
崩岗	0	7507	2493	75.07
	1	1837	8163	81.63
总体百分比				78.35

表 6-8   数量密度准确性检验

实际值 Observed		预测值 Predicted		
		崩岗		准确率
		0	1	
崩岗	0	7798	2202	77.98
	1	1791	8209	82.09
总体百分比				80.04

由表 6-5 得到面积密度回归模型：

$$P_i = \frac{\exp\left(-2.018 + 1.630\text{soil} + 2.047\text{rock} + 1.337\text{LU} - 2.160\text{VFC} + 1.027\text{slope} + 0.430\text{hypsography}\right)}{1 + \exp\left(-2.018 + 1.630\text{soil} + 2.047\text{rock} + 1.337\text{LU} - 2.160\text{VFC} + 1.027\text{slope} + 0.430\text{hypsography}\right)}$$

（6-20）

由表 6-6 得到数量密度回归模型

$$P_i = \frac{\exp\left(-4.120 + 3.573\text{soil} + 1.291\text{rock} + 1.274\text{LU} - 0.613\text{VFC} + 0.336\text{slope} + 1.101\text{hypsography}\right)}{1 + \exp\left(-4.120 + 3.573\text{soil} + 1.291\text{rock} + 1.274\text{LU} - 0.613\text{VFC} + 0.336\text{slope} + 1.101\text{hypsography}\right)}$$

（6-21）

根据式（6-21），将崩岗影响因子代入，计算南方七省（自治区）崩岗侵蚀发生风险值，并绘制出崩岗侵蚀发生可能性分布图，如图 6-38 所示。

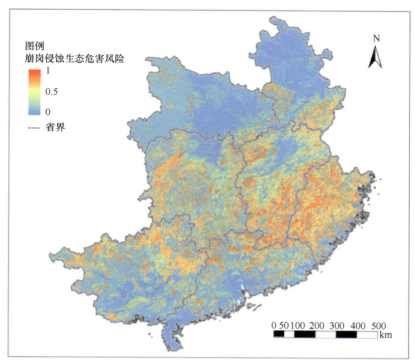

(a) 面积密度

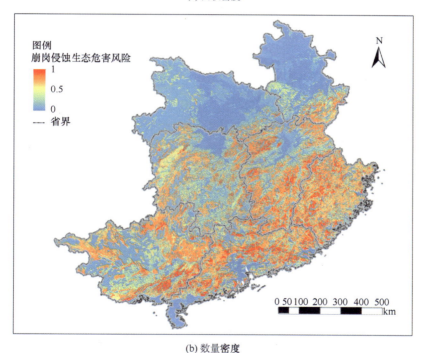

(b) 数量密度

图 6-38　南方七省（自治区）崩岗侵蚀发生可能性分布图（多变量）

从图 6-38 可以看出，在通过数量密度计算的发生可能性值较高的区域较多，而基于面积密度则在两广区域南部估计的值较低，两种方法计算的整体分布较为一致。

将崩岗侵蚀发生可能性与崩岗点叠加可得图 6-39。

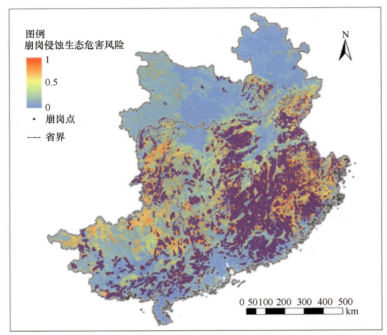

(a) 面积密度

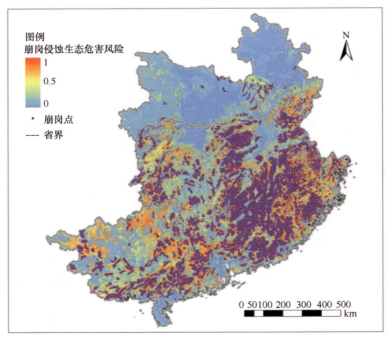

(b) 数量密度

图 6-39 南方七省（自治区）崩岗侵蚀发生可能性与崩岗点叠加图

结果显示，可能性高的分布趋势与崩岗分布高度一致。同时，通过对比存在崩岗发生的采样网格数和崩岗侵蚀发生可能性大于 0.7 的采样网格数评价预测精度。评价结果的精度 E 以经验的概率形式来表示：

$$E = \frac{N_{0.7}}{N_{Pf}} \qquad (6\text{-}22)$$

式中，N_{Pf} 是存在崩岗侵蚀的采样网格总数；$N_{0.7}$ 是崩岗侵蚀发生可能性大于 0.7 的区域中存在崩岗侵蚀的采样网格数。

经计算，基于面积密度发生可能性评估精度为 83.16%，基于面积密度发生可能性评估精度为 85.23%，两种发生可能性评估结果均能概括绝大部分的崩岗侵蚀分布点，通过熵信息的双变量评估方法对崩岗侵蚀发生可能性评估是可行的。

同理，鉴于崩岗侵蚀生态危害风险 R_{ei} 数值大小等同于发生崩岗的可能性 P_i，因此，崩岗侵蚀生态危害风险图如图 6-38 所示。

2. 崩岗侵蚀经济损失风险评估

同理，获取崩岗侵蚀发生可能性的基础上，根据式 $R_{li} = P_i \cdot C_{li}$ 和表 6-2 计算崩岗侵蚀经济损失风险，归一化处理后绘制出崩岗侵蚀经济损失风险图，如图 6-40 所示。

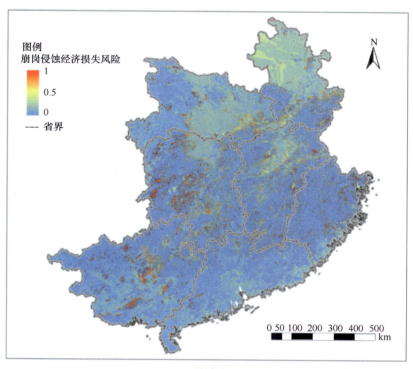

(a) 面积密度

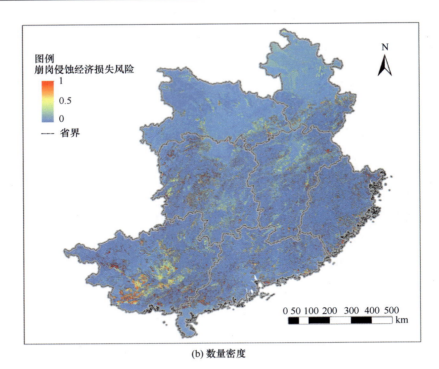

(b) 数量密度

图 6-40　南方七省（自治区）崩岗侵蚀经济损失风险图

从图 6-40 可以看出，南方七省（自治区）崩岗侵蚀经济损失风险总体较轻微，基于面积密度计算的方法在广西、湖南、湖北的经济损失风险相对较高。总体而言较高经济损失风险的区域比较零碎，不同密度计算方法绘制的风险图之间对比，崩岗侵蚀经济损失风险态势分布及风险值差异不大。

3. 崩岗侵蚀风险分级分类

将崩岗侵蚀生态危害风险与经济损失风险进行叠加，即为崩岗侵蚀风险，归一化处理后重新计算出南方七省（自治区）崩岗侵蚀风险，按风险值等距划分原则，将崩岗侵蚀风险划分为 5 级，可得到南方七省（自治区）崩岗侵蚀风险分级图，如表 6-9 和图 6-41所示。

表 6-9　崩岗侵蚀风险等级划分标准

等级	等级描述	风险值	占总面积比例/%	
			面积密度	数量密度
1	低风险	0～0.2	53.33	48.53
2	较低风险	0.2～0.4	15.62	14.50
3	中风险	0.4～0.6	26.26	29.02
4	较高风险	0.6～0.8	4.80	7.85
5	高风险	0.8～1	0.01	0.11

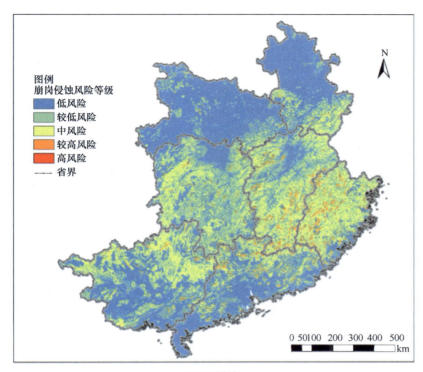

(a) 面积密度

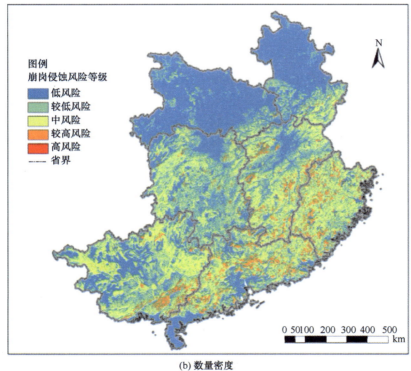

(b) 数量密度

图 6-41 南方七省(自治区)崩岗侵蚀风险分级图

从表 6-9 和图 6-41 可以看出，南方七省（自治区）崩岗侵蚀以低风险为主，占南方七省（自治区）总面积的 50%左右，主要分布湖北和安徽；其次是中风险，占南方七省（自治区）总面积的 26%以上，主要分布在湖南和广西北部；再次为较低风险，占南方七省（自治区）总面积的 15%左右，主要分布江西、湖南和广西北部；较高以上风险仅占南方七省（自治区）总面积的 4%～8%，主要分布在江西南部、广东北部、福建西北部。

总体而言，通过不同密度计算方法绘制的风险等级图之间对比，崩岗风险态势分布及等级差异不大。基于数量密度的计算方法在两广南部区域的风险值相对稍高一些。

6.5 小　　结

（1）从崩岗侵蚀发育演变机制出发，根据崩岗侵蚀风险内涵和风险评估程序，系统全面地论述了崩岗侵蚀风险评估的基本原理、评估指标筛选原则，筛选了适用于崩岗侵蚀发生评价预测模型。

（2）广泛收集各指标数据，利用 GIS 强大的空间分析功能对各数据进行矢量化处理，建立统一尺度精度的图层数据库。

（3）将各指标数据与崩岗分布进行叠加进行相关分析，结合风险评估指标筛选原则，得到了评估指标最佳因子集，计算出各因子的崩岗侵蚀密度。

（4）分别运用双变量统计分析方法和多变量统计分析方法，开展了崩岗侵蚀发生可能性评估，通过两种模型计算的崩岗侵蚀发生可能性分布图与崩岗侵蚀点分布图对比分析，高概率区域与崩岗侵蚀点的分布具有良好的一致性。

（5）根据崩岗侵蚀发生可能性分别计算崩岗侵蚀生态危害风险与崩岗侵蚀经济损失风险，最后将生态危害风险与经济损失风险叠加并归一化，得到崩岗侵蚀风险图，按风险值等距划分原则，划分风险等级，绘制崩岗风险分级图。南方七省（自治区）崩岗侵蚀以低风险为主，其次是中风险，再次为较低风险，较高以上风险仅占南方七省（自治区）总面积的 4%～8%，主要分布在江西南部、广东北部、福建西北部。

第7章 不同风险类型崩岗侵蚀综合防控模式

7.1 崩岗治理专题调研

7.1.1 福 建

1. 长汀

2012 年以来，长汀县共治理崩岗 1439 个。长汀县坚持植物与土建、治沟与治坡、治理与开发相结合的原则，运用系统论原理、系统工程的方法，把崩岗分为沟头集水坡面、崩塌冲刷和沟口冲积扇等三个子系统，分别采取治坡、降坡、稳坡三位一体的措施，达到因害设防、化害为利的目的。采取工程与植物措施相结合、坡面治理与沟道治理相结合、局部与整体相协调的治理思路，对整治后的土地资源进行开发利用，种植各类经济作物（如果、茶、竹等），实现崩岗侵蚀整治生态、社会和经济三大效益的"共赢"（图 7-1）。

图 7-1　长汀县崩岗侵蚀治理现场

2. 安溪

安溪县共有崩岗 4744 处，约占全省崩岗总数的一半以上，崩岗面积达 906.4hm^2。

安溪县成功总结出3种有效的崩岗侵蚀治理模式，即变崩岗侵蚀区为生态旅游区、经济作物区和工业园区。

变崩岗侵蚀区为生态旅游区，即按照"上截下堵中绿化"的原则，在沟谷布设谷坊工程，在崩岗侵蚀坡面、崩塌轻微且相对稳定的沟谷及其冲积扇造林种竹，快速恢复植被，改善治理区的生态环境。安溪县蓝溪流域崩岗侵蚀综合治理天湖项目区即为典型崩岗变生态旅游区的案例（图7-2）。

图7-2　安溪县蓝溪流域崩岗改造高尔夫球场

变崩岗侵蚀区为经济作物区，是对地表支离破碎的崩岗群，采用机械或爆破的办法进行强度削坡，修成梯田，种植果树、茶叶或其他经济作物，既可治理水土流失，又可发展农村经济，增加农民收入。安溪县龙门镇洋坑村铜锣山崩岗综合治理项目区即为典型崩岗变经济作物区的案例（图7-3）。

图7-3　龙门镇洋坑村铜锣山崩岗变茶园项目区

　　在地理位置较好，交通方便的崩岗群或相对集中的崩岗侵蚀区，利用工程机械把崩岗推平，并配置好排水、拦沙和道路设施，整理成为工业用地，使变崩岗侵蚀区为工业园区成为现实。龙门镇信息产业园崩岗综合治理项目区即为崩岗变工业开发区的典型案例（图 7-4）。

图 7-4　龙门镇由崩岗改造成信息产业园

7.1.2　广　　　东

　　五华县共有崩岗两万多个，约占全省的 20%，侵蚀模数高达 3 万～5 万 $t/km^2 \cdot a$。五华县根据崩岗发生机理，制定了疏导消能、固沙防冲、分类治理和防治结合的崩岗整治原则，主要防治技术有上拦下堵、上拦下堵中间削、上拦下堵中间保。崩顶修水平沟，结合登高横向植被带工程，分散、疏导崩岗径流，减少崩头径流冲刷。中间削坡开级，稳定坡面；或者尽量保护崩壁现有植被，在崩壁陡坡喷洒粪水黄泥浆混草种，在崩壁两边打小洞种葛藤、灌木、草类等稳定崩壁。崩岗沟谷口筑谷坊，缓洪淤沙，并配溢水道排洪；植物填肚，筑生物坝，固定河床（图 7-5）。

图 7-5　五华县崩岗治理现场

7.1.3 江 西

1. 赣县

近年来，赣县开展了崩岗治理示范工程建设，全县整治崩岗 400 余处，兴建小型拦沙坝 113 座，修筑各类谷坊 700 余座，累计治理和控制崩岗侵蚀面积 1100hm²，利用崩岗开发果园 200hm²，取得了较好的生态、社会和经济效益。通过实践，探索了一批行之有效并具有本地特点的崩岗治理模式。

1）"台地+经果林"开发型治理模式

对交通便利、坡面较长的崩岗，引入大型机械，采取"挖高填低、劈峰平沟、避水固坡、因山就势、环山等高、相互衔接"的方法整治为反坡台地，然后在台地内种植经济果木林，并在田埂、外边坡和道路边坡种植水土保持灌草。一处崩岗即为一座果园，把昔日有百害而无一利的崩岗侵蚀劣地，变为一个个"聚宝盆"和一座座"花果山"。

2）"工程措施+林灌草"生态恢复型治理模式

对山坡坡度较大、坡面较短的崩岗，采取"上截下堵中间削、内外绿化"的方法，在崩岗顶部集水坡面开挖水平竹节沟，崩岗外沿开挖避水沟，对崩塌面采取削坡、修建挡土墙，沟道分节修筑谷坊，沟口修建拦沙坝。然后在崩岗集水范围及冲积扇等崩岗内外采取"乔灌草藤齐上"，强度绿化，进行植物封闭，快速恢复植被。通过工程措施防止沟头下切，稳定崩塌面，拦截泥沙下泄，通过植物措施恢复崩岗的生态系统，起到正本清源的治理效果。目前赣县崩岗治理特别是边远山区多数采取这一模式（图 7-6）。

图 7-6 赣县白鹭乡崩岗生态恢复性治理

3）"梯地+农作"农粮生产型治理模式

在耕地较少地区，对分布在居民点附近或农地中的崩岗，结合土地整理项目，按照农用地的标准，用机械将崩岗整治为梯地后，交还农民种植农作物。如赣县白鹭乡仁源村土地整理项目区，有 65 座崩岗变为了农作梯田，增加旱地 100 余亩（图 7-7）。

图 7-7　赣县白鹭乡一户一山窝立体经济开发模式

4）"平整+场地"土地开发型治理模式

对建设用地资源紧缺、分布在城郊附近低丘缓坡上的崩岗侵蚀劣地，用机械直接整为平地，并规划建设好道路和排水系统，并在填筑的松散土地段建好挡土墙，将其平整为公共服务设施用地或工业建设用地。如赣县南塘镇黄屋村将水口庵崩岗群平整后，增加建设用地 20 亩，建成了村级敬老院；将罗岭背崩岗群进行平整后，建成了国家现代农业示范区中心（图 7-8）。

图 7-8　赣县白鹭乡国土部门造地增粮项目

2. 于都

于都县域面积仅占江西的 1.74%，却有崩岗 4062 处，崩岗面积为 1738.4hm²，占江西崩岗总面积的 8.41%，可见于都崩岗分布之密集。以于都金桥崩岗群治理为例，金桥崩岗群位于赣州市于都县贡江镇，现有崩岗 1412 座，崩岗侵蚀面积 361.9hm²，年均土壤流失量 5.5 万 t。项目区千座崩岗连成一片，千沟万壑、沟谷纵横、陡坎遍布，整个山体的土地生产力就此遭到彻底的破坏，场景让人触目惊心。同时，项目区地处梅江、澄江、贡江三江交汇处，又与于都县城隔河相望，对人居环境、粮食安全和河流健康影响极大。鉴于金桥崩岗区具有特殊的地理位置、全面的侵蚀类型和典型的侵蚀危害，因此采取综合防控的思路，将金桥崩岗群打造成为全国第一个集警示教育、科研试验、综合治理与示范推广于一体的崩岗侵蚀科普示范园区，突出园区水土保持文化内涵，打造成为高品质的崩岗防治主题公园（图 7-9）。

图 7-9　于都县金桥崩岗群

警示教育区坡面不进行治理，只是在崩岗四周建立挡土墙以减轻泥沙下泄对下游农田的危害；综合治理区突破了原有的"上拦、下堵、中间削、内外绿化"的模式，因地制宜地采取了"谷坊群+挡土墙包围"的模式（图 7-10）。具体做法为：将整个崩岗群视作一个整体，在外围修筑浆砌石挡土墙将将崩岗侵蚀群整体包围，防止泥沙下泄危害下游农田；同时，将里面的每个崩岗视作整体中的一个个体，保留崩岗区内部原貌，在每个崩岗口就地取材修建谷坊，泥沙首先在谷坊沉积后，再汇集流入山下山塘进行二次沉沙处理。经此分段拦截处理后，能最大限度地减少泥沙危害，有利于促进崩岗人工-自然系统的和谐与稳定；科学试验区将融合在警示教育区和综合治理区中，通过建立径流小区、卡口站等设施重点开展崩岗侵蚀机理和侵蚀过程研究；科普教育区将与警示教育区、综合治理区和科学试验区结合在一起，通过道路将各种展示设施串联起来，开展崩岗等水土流失类型和水土保持的科学普及和教育（图 7-11）。

图 7-10　谷坊拦蓄

(a) 泥结石道路

(b) 冲积区植物护埂

图 7-11　泥结石道路、冲积区植物护埂

3. 兴国

兴国县已治理崩岗 400 余座，主要分为生态恢复性治理和开发利用型治理两大方向。从崩岗侵蚀规律出发，以地生态系统学原理为依据人工干预逆转其恶性演变的进程和方向，建立新的生态平衡，优先恢复灌草生态系统，加速覆盖地表，以快制快。对崩岗的整治采取"疏导消能、固沙防冲、分类治理、防治结合"一套 16 字的技术方案。以工程措施为基础、生物措施为主体，强化生物措施，采取"崩顶拦排松草帽，工程堵口果树草；生物工程同步起，植物填肚壁穿衣"的治理方略。实施"上拦、下堵，上拦、下堵、中间削，上拦、下堵、中间保"的治理技术，选用粗生快长灌草植物，等高横作植被带工程，崩顶、沟头、崩积锥，筑植物活篱笆，谷底植物填肚，筑生物坝过水滤沙，千方百计使崩壁挂绿，采取科学手段，加快人工恢复植被进程，建立人工植被，延长工程寿命。

兴国县鼎龙乡杨村寺前崩岗一处混合型崩岗（26°24.7911′N、115°24.6323′E），集雨区面积 0.6hm² （图 7-12），崩岗区面积 1.4hm²，冲积区面积 0.6hm²，距离村庄较近，且危及下游农田 2hm²，危及房屋 20 间，危及道路 200m。2011 年，水保投资 26 万元、群众自发投资 3 万元。在崩岗沟自上而下修建 6 座谷坊，节节拦蓄泥沙，修建浆砌石排水沟 300m，土质排水沟 200m，崩岗区修成水平台种植桂花树（图 7-13）；集雨区修建竹节水平沟 400m，修建水平条带 0.6hm²，撒播马唐、雀稗混合草籽；冲积区部分土地复耕。林草覆盖率由治理前的 35%提高到治理后的 75%，生态效益明显；直接保护下游农田 2.0hm²，粮食增产带来收益 3.15 万元/年，油茶、桂花树种植第 3 年产生经济效益，稳产每年可带来 8.62 万元收益。还可保护下游进村道路 200m 不被损毁，可节约修缮资金 2.0 万元/年。

图 7-12　兴国县塘背小流域中游崩岗侵蚀现状

(a) 谷坊　　　　　　　　　　　　　　　(b) 排水沟+台地

图 7-13　修建谷坊、排水沟+台地种植桂花树

4. 修水

修水县共有崩岗 5457 个，占江西省总崩岗数的 11.35%，其中活动型崩岗 4105 个，

占总数量的 75.22%。修水县已累计开展崩岗治理 500 余处，综合治理面积 6.5km²。治理方法主要是坚持"上截、下堵、中间削坡、内外绿化"的原则，采取工程措施与植物措施相结合的形式，以一个崩岗侵蚀为单元，全面系统地布置各项措施，实行综合防治。共计修筑谷坊 233 座，建造拦沙坝 13 座，截排水沟 5540m，挡土墙 1650m。崩壁小台阶 1.0hm²，修建基本农田 1.2hm²，营造水保林 2.2hm²，经果林 0.5hm²，水保种草 1.6hm²。在适宜地区进行经果林、水保林开发，植被相对良好的生态脆弱区则采取封禁措施，部分集中分布的崩岗群则平整为建设用地。

修水县古市镇东皋村一处弧形崩岗（29°02.6384′N、114°07.3103′E），集雨区面积 0.4hm²，崩岗区面积 1.0hm²，冲积区面积 0.2hm²，距离城镇较近，地理位置、交通便利。2011 年，为了最大程度保护耕地，缓解建设用地和保护耕地的矛盾，政府将此处崩岗规划为移民新村建设点，政府其他项目投资 15 万元和群众自发投资 5 万元，平整宅基地，共移民 49 户（图 7-14）。崩岗区建为移民新点后，实现年保土量 440t/hm²，年蓄水量 1760m³/hm²，生态效益明显；崩岗转为宅基地后土地增值收益为 60 万元；防止农业用地被建房占用，可每年避免农业减少收入 2.7 万元，保护下游进村道路不被损毁，可每年节约修缮资金 4.0 万元。投入治理崩岗资金，计算直接效益和减少经济损失，当年可收回治理成本。

图 7-14　古市镇东皋村崩岗群建设用地型治理

7.2　崩岗治理典型措施

7.2.1　典型工程措施

崩岗综合治理中工程措施主要包括截水沟（或称天沟）、排水沟、崩壁小台阶、谷坊、拦沙坝等几种，尤其是截水沟和谷坊是最为常见的技术措施。在部分地方，受技术及资金等诸多原因的影响，崩岗治理的标准普遍偏低，治理技术不够规范，造成部分工程措施不能充分发挥应有的作用。严格按照设计要求进行工程施工是非常关键的一环。

1. 截水沟

截流沟是在崩口上方和两侧坡面沿等高线开挖的水平沟，用以拦截坡面径流，防止径流对崩壁的冲刷、切割作用（图 7-15）。

(a) 截水沟(一)

(b) 截水沟(二)

图 7-15　崩岗治理截水沟（赣县）

（1）截水沟按 5 年一遇 24 小时暴雨设计。

（2）截水沟应布设在崩口顶部外沿 5m 左右，从崩口顶部正中向两侧延伸。截水沟长度以能防止坡面径流进入崩口为准。

（3）截水沟采用半挖半填的沟埂式梯形断面，按下面公式设计断面尺寸：

$$A = kdpl \cos \alpha / 10^3$$

（7-1）

式中，A 为截流沟横断面面积，m^2；k 为安全系数，一般取 1.2；d 为径流系数，可从水文手册查取；p 为 5 年一遇 24 小时暴雨量，mm，从水文手册查取；l 为集流坡面长度，m；α 为坡面倾角，（°）。

2. 排水沟

（1）排水沟沿崩岗脊走向设置，承接坡面来水，排除径流，防止冲刷。

（2）当排水沟底纵坡过陡时，可设计急流槽，或在沟中加设跌水，减小纵坡比降；跌水下方沟底应设置消力池，池长为跌水差的 2～3 倍；排水沟全断面衬砌（图 7-16）。

排水沟的设计洪水流量，可按下式近似求得：

$$Q_{\max} = 0.278dif \qquad\qquad (7\text{-}2)$$

式中，$Q_{\max}$ 为设计频率最大洪峰流量，m^3/s；d 为径流系数，可由水文手册查得；i 为设计频率暴雨平均 1 小时降雨强度，mm/h；f 为坡面集雨面积，km^2。过流断面可按明渠均匀流公式计算。

(a) 排水沟+沉沙池

(b) 排水沟

图 7-16　崩岗治理排水沟（赣县）

3. 崩壁小台阶

（1）崩壁台阶一般宽 0.5～1.0m，高 0.8～1.0m，台面向内呈 5°～10°反坡。外坡：实土 1∶0.5，松土 1∶0.7～1∶1.0。

（2）崩壁坡度上部宜陡，下部可相对较缓；土质上部应坚实，下部疏松。台阶从上到下应逐步加大宽度，缩小高度，同时放缓外坡。

（3）在每个坡面各级台阶的两端，从上到下宜修排水沟，块石衬砌或种草皮防冲（图 7-17）。

图 7-17　崩壁小台阶（赣县）

4. 挡土墙

（1）建设条件：挡土墙一般布设在沟口较宽的弧形崩岗，并与崩壁坡脚线有 5～10m 的距离，以拦挡崩壁下落的不稳定土体。

（2）设计标准：防御暴雨标准一般采用 10 年一遇 24 小时最大雨量。

（3）挡墙断面尺寸：一般为重力式浆砌石挡土墙，墙高为 2.0m，顶宽 0.5m，迎水坡 1∶0，背水坡为 1∶0.5。

挡土墙典型断面尺寸及单位工程量详见表 7-1。

表 7-1　挡土墙典型断面尺寸及单位工程量表

工程类型	墙高/m	顶宽/m	临渣面边坡坡比	墙底宽/m	单位工程量/（m³/m）		
					土方开挖	干砌石	浆砌石
浆砌石	2	0.5	1∶0.5	1.88	1.03		2.34

5. 谷坊

谷坊修建的主要目的是固定沟床，防止下切冲刷。因此，在选择谷坊时。应考虑以下几方面的条件：坝口狭窄，上游宽敞平坦，口小肚大，以利于拦沙；沟底与岸坡地形、地质（土质）状况良好，无孔洞或破碎地块，无不易清除的乱石和杂物；在有支流汇合的情形下，应在汇合点的下游修建谷坊；谷坊不应设置在天然跌水附近的上下游，但可设在有崩塌危险的山脚下。

（1）土谷坊按 10 年一遇 24 小时暴雨设计。

（2）拦沙容量按照式（7-3）计算：

$$V = FM_S Y \tag{7-3}$$

式中，V 为拦沙容量，m^3；F 为谷坊集雨面积，hm^2；M_S 为土壤侵蚀模数，$m^3/(hm^2 a)$；Y 为设计淤满年限，a。

（3）根据实际地形，按照设计容量，计算相应的坝高。

（4）坝体断面一般为梯形，设计要求为表 7-2：

表 7-2　坝体断面设计表

坝高/m	1.0	2.0	3.0	4.0	5.0
顶宽/m	0.5	1.0	1.5	2.0	3.0
底宽/m	2.0	6.0	10.5	18.0	25.5
上游坡比	1∶0.5	1∶1.0	1∶1.5	1∶1.5	1∶2.0
下游坡比	1∶1.0	1∶1.5	1∶1.5	1∶2.0	1∶2.5

溢洪口按照顶堰设计，宽度设计公式为

$$B = Q / MH^{1.5} \tag{7-4}$$

式中，B 为堰宽，m；Q 为设计流量，m^3/s；H 为堰上水深，m；M 为流量系数，一般为 1.55。

按照式（7-5）设计流量：

$$Q = (I_1 - I_2) S / 6 \tag{7-5}$$

式中，Q 为设计流量，m^3/s；I_1 为设计频率下 10 分钟最大雨强，mm/min；I_2 为当地条件下土壤入渗强度，mm/min；S 为谷坊集水面积，hm^2。

我国南方地区雨多雨大地区，谷坊集水面积与溢洪口尺寸之间的关系参见表 7-3，断面设计图如图 7-18 和图 7-19 所示。

表 7-3　不同集水面积与谷坊溢洪口尺寸的关系

集水面积/hm²	溢洪口深/m	溢洪口宽/m
20	0.2	0.6
20	0.3	0.32
50	0.3	0.81
20	0.4	0.53
100	0.4	1.06
100	0.5	0.75
100	0.6	0.57
200	0.6	1.15
200	0.7	0.91

集水面积/hm²	溢洪口深/m	溢洪口宽/m
200	0.8	0.75
500	0.6	2.88
500	0.7	2.22
500	0.8	1.86
500	0.9	1.60
500	1.0	1.53

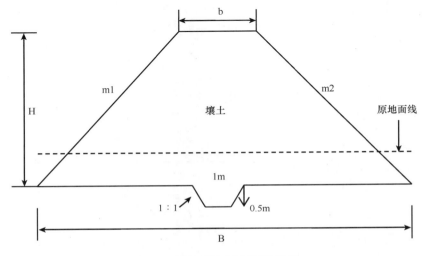

图 7-18　土谷坊标准断面设计图

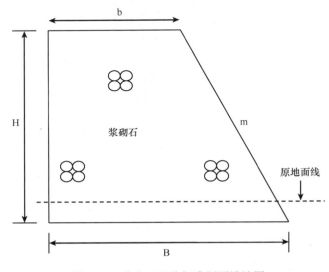

图 7-19　浆砌石谷坊标准断面设计图

常见的谷坊一般为土谷坊、干砌石谷坊、浆砌石谷坊、生态袋谷坊等（图 7-20 和图 7-21）。

图 7-20　干砌石谷坊

图 7-21　简易沙袋谷坊

为达到预期效果，往往需要在一条沟道内连续修筑多座谷坊，形成谷坊群（图 7-22 和图 7-23）。

图 7-22　生态袋谷坊群

图 7-23　浆砌石谷坊群

6. 拦沙坝

（1）拦沙坝选址：坝址附近应无大断裂通过，无滑坡、崩塌，岸坡稳定性好，沟床有基岩出露，或基岩埋深较浅，坝基为硬性岩或密实的老沉积物；坝址处沟谷狭窄，坝上游沟谷开阔，沟床纵坡较缓，能形成较大的拦淤库容。

（2）设计标准：拦沙坝一般布设在上游泥沙来量多的主沟内或较大的支沟。在设计标准上，崩岗内拦沙坝一般按 10 年一遇 24 小时暴雨设计；如崩口外附近有重要建筑物或经济设施，且承担防洪与灌溉任务时，应按 20 年一遇 24 小时暴雨标准设置土坝、溢洪道和泄水洞，按小水库设计。

（3）拦沙坝和谷坊的区别：谷坊一般布置在小沟道内，沟深、宽一般为几米，由多座谷坊坝组成谷坊群发挥作用；拦沙坝一般布置在大沟道内，沟深、宽一般在几米至几十米。但在设计步骤与技术要求上拦沙坝与土谷坊相同。

江西省常见的拦沙坝一般为土坝、浆砌石和混凝土拦沙坝（图 7-24～图 7-26）。

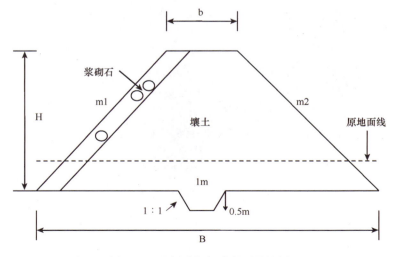

图 7-24　土拦沙坝标准断面设计图

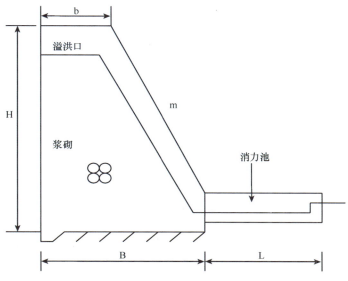

图 7-25　浆砌石拦沙坝标准断面设计图

(a) 远景　　　　　　　(b) 近景

图 7-26　浆砌石拦沙坝

7.2.2　典型植物措施

1. 沟头集水区植物措施

沟头集水区主要包括集水坡面和崩岗沟头。该区的侵蚀主要为集水坡面的面蚀、沟蚀以及沟头溯源侵蚀。集水坡面汇集径流流向崩壁，形成跌水，加速崩岗沟底侵蚀与崩壁的不稳定。该区的防治要点是有效地增加土壤入渗、拦截降雨和崩岗上方坡面的径流，防止径流流入崩塌冲刷区，控制集水坡面跌水的形成。

对红土层尚存、比较完整的坡面，种植板栗、油茶、银杏、杨梅、茶叶等，进行开发性治理；

对红土层已被剥蚀殆尽、较破碎的坡地，则根据区域土壤、气候特点，选择深根性、耐瘠、速生的树草种，如马占相思、木荷、黧蒴、竹类、合欢、百喜草、糖蜜草等，构建乔灌草相结合的水土保持林，营建地带性森林系统。其中，沿崩口上方、截流沟下方坡面可以设置植物防护带（图 7-27）：灌木带宽 7m，草带宽 3m，以点播白栎、胡枝子，密植冬茅或香根草效果较好，可有效遏制溯源侵蚀（图 7-28）。

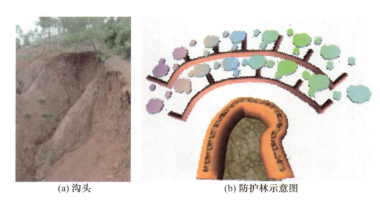

(a) 沟头 　　　　　　　 (b) 防护林示意图

图 7-27　沟头防护林示意图

(a) 灌木

(b) 乔灌草结合

图 7-28　乔灌草相结合的水土保持林

2. 崩壁植物措施

崩壁治理是崩岗治理的关键，后面将专题论述，本节对其植物措施简要说明。

处于发育中的崩岗，因崩壁立地条件较差，宜先选取一些抗干旱、耐贫瘠、喜阳的先锋草本植物，快速覆盖崩壁表面，培育出稳定的草本植物群落。在崩岗沟底种植野葛藤、爬山虎等攀缘植物，向上生长自然覆盖崩壁，增加崩壁植被覆盖，有效减缓暴雨径流的直接冲刷；攀缘植物还有利于降低崩壁温度，减少崩壁水分蒸发，改善崩壁小环境，促进植物生长，稳定崩壁。条件允许的地方，可以考虑应用液压喷播植草护坡、土工网植草护坡等技术，治理并稳定崩壁。

对处于发育晚期的崩岗，因崩壁较矮，应采取削坡筑阶地的方法进行治理，并在台阶上栽种经济类作物，周围种植牧草加以覆盖，以降低崩塌面的坡度，截短坡长，降低土体重力，减缓径流的冲刷力，并在控制水土流失的同时，提高经济效益。其中，由于水分缺乏加上土壤肥力状况较差，在开挖成的崩壁小台地上以优良速生固土灌草为主，快速促进其植被覆盖，如胡枝子、黑麦草、雀稗等。在崩壁上种植植物，施加客土是生物治理获得成功的重要措施（图 7-29）。

(a) 野葛藤

(b) 爬山虎

图 7-29　崩壁植物防护

3. 沟谷植物措施

沟谷植物措施是控制崩岗进一步发展的重要防线,也是控制崩岗危害的重要程序。沟谷植物措施在改善崩岗内部环境的同时,能有效促使泥沙停淤,阻滞泥沙出口,延缓径流冲刷切割。在沟谷内,土壤环境和水分条件有所改善,可以选择分蘖性强、抗淤埋、具蔓延生长特性的乔灌木。如果沟底较宽,沟道平缓,可种植草带,带距一般1~2m,以分段拦蓄泥沙,减缓谷坊压力,草带沟套种绿竹和麻竹。在沟道较小且适应砂层较厚的沟段,种植较为耐旱瘠的藤枝竹等。谷坊内侧的淤积地经过土壤改良,可以种植经济林果,如泡桐、桉树、蜜橘、杨梅和藤枝竹等,在注重生态效益的同时,兼顾一定的经济效益〔图7-30(a)、(b)、(c)〕。

控制崩积体的再侵蚀,是治理崩塌冲刷区、防止沟壁溯源侵蚀的重要组成部分。对于小型崩岗,如集水坡面治理得当,可很快稳定崩积体。对于中、大型崩岗,由于崩积体地表坡度往往比较大,故需先进行整地,填平侵蚀沟,然后种上深根性的林草带,如香根草带等,并在草带间种植藤枝竹或牧草等,形成"草带+竹类"或"果茶+牧草"的治理模式〔图7-30(d)、(e)〕。

(a) 沟道(一)　　　　　　　　　　(b) 沟道(二)

(c) 沟道(三)

(d) 崩积堆(一)　　　　　　　　　　(e) 崩积堆(二)

图7-30　沟道或崩积堆植物封闭

4. 冲积扇植物措施

冲积扇的治理既是沟口冲积区治理的重要组成部分，也是崩岗治理中的最后一个环节，应以生物措施为主，等高种植草带，中间套种耐旱瘠竹类，以在较短的时间内，防止泥沙向下游移动汇入河流。对剧烈发育的崩岗和崩岗沟较集中的流域，应选择肚大口小、基础坚实的坝址，修建拦沙坝，阻止洪积扇向下游移动；并在拦沙坝和谷坊顶部与侧坡种植牧草或铺设草皮，以保护工程安全（图 7-31）。

图 7-31　冲积扇（谷坊外）种植泡桐

植物措施能控制冲积扇物质再迁移和崩岗沟底的下切，以尽量减少崩积堆的再侵蚀过程，从而达到稳定整个崩岗系统。冲积扇即崩口冲积区土壤理化性质较好，可以种植一些经济价值较高的林木。也可以整地进行大规模林果开发（图 7-32、图 7-33 和图 7-34）。

图 7-32　冲积扇植物配置

图 7-33　植物配置（马尾松+泡桐+藤枝竹+枫香+雀稗）

图 7-34　冲积扇开发性治理

5. 典型经济林果

根据红壤丘陵崩岗侵蚀区的自然条件，开发经济型果园所需种植的果树品种应具有抗逆性强、生长速度快的特点，有良好的养地培肥作用，并能充分利用红壤的增产潜力，在稳定崩壁和崩积体的同时，产生良好的经济效益。

以杨梅与柑橘为例，杨梅树耐阴，喜微酸性的山地土壤，耐旱耐瘠，省工省肥，是非常适合山地退耕还林、保持生态环境的理想树种；柑橘树性喜温暖湿润，抗逆性强。两个树种都具有良好的食用价值，可产生较好的经济效益，符合丘陵崩岗侵蚀区的地理条件及经济开发的需要。

经过广泛的野外调研，结合筛选试验，适宜崩岗区开发的经济林果品种主要有：脐橙、蜜橘、杨梅、茶叶、油茶、锥栗等。下面重点对油茶、锥栗和杨梅进行介绍。

1）油茶

作为油料经济植物，近年来普通油茶（*Camellia oleifera*，山茶科 Theaceae 山茶属 *Camellia L.*）的推广面积迅速扩大。根据其生物学特性和生态学习性，油茶对土壤要求不甚严格，适宜在我国南方丘陵山地土层深厚的酸性土栽植，因此在崩岗侵蚀区进行油茶栽培值得尝试，尤其适合在坡度相对和缓的坡面或崩壁上栽植（图 7-35～图 7-37）。

将坡面按照内斜式条带的方式进行整地，内斜度为 5 度左右。带宽因立地条件的不同而有差异，一般带宽为 1.0～3.0m，坡度较大时，带宽可小些，坡度较小时，带宽可大些。在台地内侧，开挖一条蓄水沟，以存蓄雨水，防止干旱。

用一年生平均苗高 30cm 的粗壮、根系好的实生苗，在苗木冬末春初新芽未萌动前进行造林。为了更有效地防止崩壁水土流失，可以适当将实生苗的种植密度加大，株行距为 1.5m×2m，亩植 200 株。

图 7-35　崩岗坡面小台地种植油茶（赣县）

图 7-36　崩岗坡面水平竹节沟种植油茶（兴国）

图 7-37　农民采收油茶果（修水）

选择在阴雨天进行造林以提高成活率。采用大穴回表土的方法进行油茶实生苗种植。穴规格为长宽深 1m×0.8m×0.5m 左右，穴内填满表土并混合一些鸡粪有机肥，每株油茶实生苗搭配 1000g 有机肥。表土回填时高于周围地表 10cm，以免表土下沉后穴内低于周围地面而形成积水，对油茶生长不利。

2）杨梅

　　杨梅属于杨梅科杨梅属乔木，具有适应性强、抗逆性强、生长势强、耐瘠薄、根系分布广泛等特点，是一种主要的经济果树，同时也是一种优良的水土保持植物。杨梅树喜阴气候，喜微酸性的山地土壤，其根系与放线菌共生形成根瘤，吸收利用天然氮素，耐寒耐旱耐贫瘠，省水省工又省肥；此外，杨梅树性强健，易于栽培，经济寿命长，生产成本明显比其他水果低，被人们誉为"绿色企业"和"摇钱树"，是一种非常适合南方红壤丘陵区水土流失开发性治理、保持生态的理想树种（图7-38）。

(a) 杨梅果　　　　　　　　　　　　　　　　(b) 杨梅园维护

图 7-38　杨梅

　　如利用径流小区定位监测表明，杨梅园、梨园、油茶园、水保林、裸地五种土地利用方式小区中，杨梅园产流产沙量最小，与裸地作相比，杨梅园的减流减蚀效益最大，分别达到 9.77% 和 53.22%，杨梅园的水土保持效益最高。另外，杨梅园土壤理化性质得到有效改善，如全磷提高 31.77%，有机质提高 63.57%，土壤孔隙度由 $1.293g/cm^3$ 上升到 $1.310\ g/cm^3$；此外，因杨梅具有根部固氮特性，致使土壤中全氮含量提高了 16.67%。这是由于杨梅树生长快，分枝多，茎叶茂盛，根系发达，能迅速有效地覆盖地表和固持土壤，减小雨滴击溅和地表径流冲刷作用，减轻和控制水土流失，其枯枝落叶等大量的有机物归还土壤改善肥力状况。这进一步证实了杨梅是一种优良的水土保持植物，值得在自然条件适宜的水土流失区引种推广。

3）锥栗

　　锥栗（*Castanea henryi*（Skam）Rehd. et Wils.），俗称榛子、壳斗科栗属落叶树种。叶互生，卵状披针形，长 8～17cm，宽 2～5cm，顶端长渐尖，基圆形，叶缘锯齿具芒尖。雄花序生小枝下部叶腋，雌花序生小枝上部叶腋。壳斗球形，带刺直径 2～3.5cm；坚果单生于壳斗，卵圆形。花期 5～7 月，果期 9～10 月。锥栗是中国重要木本粮食植物之一，3 年挂果，5 年丰产，盛果期 50～80 年，果实可制成栗粉或罐头。木材可供枕木、建筑等用。

　　锥栗广泛分布于秦岭南坡以南、五岭以北各地的海拔 100～1800m 的丘陵与山地，喜光，耐旱，耐寒、耐瘠薄，深根系，适应性强，喜弱酸性的砾质壤土，要求排水良好，病虫害少，生长较快，因此适宜于南方红壤崩岗侵蚀劣地进行开发性种植。目前在湖南、福建和江西部分山区得到很好的推广应用（图7-39～图7-42）。

图 7-39　锥栗苗圃基地（汝城）

(a) 松土　　　　　　　　　　　　　　　(b) 覆盖

图 7-40　鱼鳞坑种植锥栗（宁都）

(a) 近景　　　　　　　　　　　　　　　　　(b) 远景

图 7-41　锥栗 3 年挂果（汝城）

(a) 锥栗　　　　　　　　　　　　　　　　　(b) 脱胞机

图 7-42　锥栗脱胞机

6. 典型乔木

适宜红壤丘陵山地崩岗侵蚀区的生态恢复乔木品种主要有：竹类（藤枝竹等）、泡桐、构树、藜蒴、马占相思、木荷、栲类（青栲）、苦槠、乌桕、栾树、栎类、火力楠。下面重点对泡桐和竹类进行介绍。

1）泡桐

南方泡桐（*Paulownia australis Gong Tong*，玄参科 *Scrophulariaceae*，泡桐属 *Paulownia*）是我国著名的特有速生乡土树种，也是世界上最速生的三大用材树种之一。泡桐原产我国，现分布于世界各地。因材质优良，速生丰产，从而成为重要的用材树种和绿化树种，广泛用于建筑、乐器和工艺品的制作以及园林绿化。泡桐根系发达，固土效果好，是水土流失区的优良树种之一。泡桐的适应性较强，一般在酸性或碱性较强的土壤中，或在较瘠薄的低山、丘陵或平原地区也均能生长，最适宜生长于排水良好、土层深厚、通气性好的沙壤土或砂砾土。因此在崩岗侵蚀区的沟床内或洪积扇等区域种植泡桐是一个比较理想的选择。在本节中造林，选择在地势较为平坦、排灌方便、土层深厚的崩岗洪积扇区域（图7-43～图7-45）。

(a) 幼林   (b) 成林

图 7-43 崩岗冲积扇泡桐（赣县）

图 7-44 泡桐封闭沟道（赣县）

在适地适树的前提下，造林密度与经营目的、立地条件等因子有关。在本项目中，主要以生态效益为主，辅以经济效益，因此泡桐栽植密度适当加大，使得尽早郁闭成林，待郁闭后再根据实际情况进行间伐。在崩岗侵蚀区的洪积扇区域，进行双行栽植，株距为1.5m，行距为2m；在崩口下沿的缓坡台地上，根据乡土植被分布情况进行补植或块状栽植，初植株行距2m×2m，及时进行间伐，调整密度，保证泡桐正常生长。在土质较为疏松的洪积扇区域，穴状整地，圆形穴的直径一般是0.6～0.8m，深度为0.5～0.8m。

图 7-45　崩岗坡头采用泡桐进行针改混（赣县）

采取植苗造林的方式进行。选择一年生的平茬苗，苗高在 0.5m 左右，地径在 2cm 左右。栽植时，泡桐不能栽得太深，栽得太深幼树生长不旺，一般栽植深度是以苗木根茎处低于地表 10cm 左右为宜，要进行高培土，以防苗木倒伏。苗木根系要理顺，让其按自然的方向放于栽植穴中，避免根系卷曲，更不能窝根。要防止苗木根系架空，苗木放入栽植穴中后，由一人用手把苗木扶直，另一人把细土轻轻填入苗木的根系中，待根系中填满虚土后，再用脚轻轻把虚土踩实，然后再向根系周围和上面填土，这样可以防止根系架空，穴中填满土后，用脚把虚土踩实，但不要用力猛踩或用木棍等捣砸，防止伤根影响成活。土壤干燥时，栽后要立即灌一次透水，保证土壤与根系密接，保证成活率。在栽植时施加一次基肥。采样鸡粪有机肥拌土的方式进行。于穴状整地时，和表土混合均匀后填入穴内，每株 1000g 有机肥。

2）藤枝竹

藤枝竹（*Bambusa. Ienta Chia*），禾本科、簕竹属（*Bambuseae* Rotz. corr. Schreber）。属于丛生型竹种。秆高 5～10m，径 4～5cm，节间长 35～50cm，下部多少呈"之"字形曲折。

竹亚科植物是重要的可再生资源，它具有生长快、周期短、产量高、用途广、投入少、效益大等优势，在建筑、轻工、食品、家具、包装、运输、观赏及改善生态环境等方面应用广泛，是经济、生态和社会效益俱佳的林种（图 7-46）。

由于竹子鞭根交错，生长迅速，在改善小气候、保持水土方面具有重要作用。据观察一株生长不足两年的藤枝竹能固土 8.46m³。竹子枝叶密集，叶面积指数高，能有效净化空气，改善环境。据测定，竹子吸收二氧化碳、制造氧气的功能是同面积落叶乔木的 1.5 倍。根据有关测算，每亩竹林每年可保水 25m³，保土 3t，减少土壤氮磷钾流失量 23kg。竹子掉下来的竹叶，腐烂后就变成了有机肥料，使土壤变得疏松和肥沃。

(a) 局部   (b) 全景

(c) 全封闭   (d) 成林

图 7-46   崩岗沟道和冲积扇内藤枝竹长势良好

7. 典型灌木

适宜红壤丘陵山地崩岗侵蚀区的生态恢复灌木品种主要有：胡枝子、连翘、黄栀子、杜鹃、三叶赤楠、红叶石楠、火棘、桃金娘、马甲子。

下面重点对胡枝子和连翘进行介绍。

1）胡枝子

胡枝子（*Lespedeza bicolor* Turcz）为豆科，蝶形花亚科，胡枝子属落叶灌木。胡枝子耐旱、耐寒、耐瘠薄、耐酸性、耐盐碱、耐刈割，适应性强，对土壤要求不严格。其生境通常在暖温带落叶阔叶林区及亚热带的山地和丘陵地带，是这一带地区的优势种。由于胡枝子生长快，封闭性好（林冠截留降雨效应好），根系发达，且适于坡地生长，是丘陵漫岗水土流失区的治理树种，是南方水土保持植物的重要种类。有研究表明，在坡耕地种植胡枝子 3～5 年后，其二年生植株主根入土深度达 170～200cm，根幅 130～200cm，幼株根瘤发达，每株有根瘤 40～200 个，能固定土壤中的游离氮，土壤的理化性状得到显著的改善，土壤的孔隙结构合理，有机质含量大大增加。在种植两年生的胡枝子坡耕地，可增加地面植被覆盖率的 62%以上，并可减少地表径流 18.2%，减少流失土壤 32.4%。

胡枝子在翌年 4 月下旬萌发新枝，7 月至 8 月份开花，9 至 10 月份种子成熟，刈割期为 6～9 月，再生性很强，每年可刈割 3 至 4 次，因此一般采取插条育苗的方式进行造林。采 2～3 年生、粗 1cm 左右主干，截成 15～20cm 插穗，秋季随采随截随插，插后及时灌水。开挖条行沟，行距 30cm，株距 20cm，沟内施加一次基肥，采样鸡粪有机肥拌土的方式进行（图 7-47）。

(a) 育苗

(b) 插条

(c) 成林

图 7-47　胡枝子

2）连翘

连翘（*Forsythia suspensa*）为木犀科连翘属的落叶灌木，在全世界范围内约有 11 种，除 1 种产欧洲东南部外，其余均产亚洲东部，尤以我国种类最多，中国约有 6 种，其中常见原种有东北连翘（*Forsythia mandshurica*）、连翘（*Forsythia suspensa*）、秦连翘（*Forsythia giraldiana*）、奇异连翘（*Forsythia mira M. C. Chang*）、卵叶连翘（*Forsythia ovata Nakai*）和丽江连翘（*Forsythia likiangensis*）。

连翘属植物的生命力和适应性都非常强，具有耐寒、耐旱、耐瘠的特点，对气候、土质条件要求不高，在缺水缺肥、有机质含量低的瘠薄山地、沙坡地均能正常生长。其根系发达、萌发力很强，栽植后可萌发出许多新的植株，树冠盖度增加较快，可有效防止雨滴击溅地面、减少地面径流和土壤侵蚀，具有良好的水土保持作用。连翘的果实具有清热解毒、清心安神的功效，经工艺精制而成多种复方中成药，其花、叶、提取物也具有多种用途，具有广泛的经济开发价值，是国家推荐的退耕还林和防治水土流失的优良生态-经济灌木。在红壤区崩岗侵蚀劣地进行连翘的栽培具有重要意义（图 7-48）。

8. 典型草本

适宜红壤丘陵山地崩岗侵蚀区的生态恢复草本植物品种主要有：宽叶雀稗、巨菌草、香根草、糖蜜草、类芦、百喜草、狗牙根、狗尾草、狼尾草、鸭嘴草、野芒刺谷草、黄背草。

下面重点对宽叶雀稗和巨菌草进行介绍。

1）宽叶雀稗

宽叶雀稗（*Paspalum wettsteinii Hackel.*）为禾本科雀稗属半匍匐丛生型多年生禾草。株高 50～100cm，具短根状茎，茎下部贴地面呈匍匐状，着地部分节上可长出不定根，须根发达。叶片长 12～32cm，宽 1～3cm。宽叶雀稗性喜高温多雨的气候和土壤肥沃排水良好的地方生长，在干旱贫瘠的红、黄壤坡地亦能生长，一般 3 月播种，4 月初全苗，出苗两周后即进入分蘖期，5 月下旬拔节，6 月下旬抽穗，7 月中旬开花，8 月中旬大量结实。花果期较长，一年可收种子两次，每亩种子产量 25～30kg。分蘖力和再生力强，且耐牧、耐火烧，可与大翼豆、柱花草、山蚂蝗、野大豆等混播，当年即可形成良好的草群。因此在南方红壤区进行水土流失综合治理中得到广泛应用（沈林洪等，2001）。

在崩壁开挖成的小台阶外沿、沟口冲积区以及沙袋谷坊的内壁和谷坊台面上都可以条带状播种雀稗草种（图 7-49 和图 7-50）。播种之前，将草籽在水中浸泡 2～3 小时。之后，将按照 0.5kg 草籽、2.5kg 有机肥和 10kg 土的比例将三者均匀拌在一起。在栽植位置开挖水平条带状浅沟，沟的规格为：宽 30cm、深 10～15cm 的小沟，沟距 30～50cm。将拌有草籽和有机肥的土壤洒在沟中，并在覆盖一层表土 1～1.5cm，促进种子发芽和增强抗旱能力。播种后进行灌溉，但注意种子不被水冲走，尤其是台地边缘的草籽。待草苗长出后再适当施用化肥。

2）巨菌草

巨菌草（*Pennisetum* sp.）属禾本科狼尾草属，于 1999 年在福建农林大学菌草研究所试种成功。"巨"是其最显著的特点：生长 8 个月后株高达 4m，茎粗 3.5cm，叶长 60～132cm，地上部鲜重达 300～500t/hm^2。巨菌草具有适应性强、利用期长、生物量高等特点，属深根系植物，根系发达，目前已成为生态脆弱地区生态综合治理的先锋植物（林兴生等，2014），也适合在崩岗冲积扇地上生长，目前已在崩岗侵蚀区种植。巨菌草是高产优质的菌草之一，用巨菌草作为培养料，已知可栽培香菇、灵芝等 49 种食用菌、药用菌。除了作为菌料外，还可做饲料，同时还是水土保持的优良草种。2008 年开始应用于生物质发电、纤维板、制造燃料乙醇等能源用途。巨菌草采用短茎扦插法种植，将带有 2 个节的茎埋入穴中，后将扦插茎的周围用土压实，栽后浇水至土壤湿透。

图 7-48 连翘

图 7-49　崩岗坡面林下种植宽叶雀稗

图 7-50　崩岗冲积扇泡桐+宽叶雀稗乔草搭配

　　巨菌草巨大的生物量和发达的根系对改善环境问题起到了一定的积极作用，尤其在巨菌草的生育盛期，对保持水土和改良小气候等方面的影响巨大。从 2012 年至今，在福建省长汀县河田镇以巨菌草绿洲 1 号为试验材料，采用等高线丛栽方法开展巨菌草治理崩岗的试验和示范结果表明：巨菌草可在较短时间内重建植被，固定土壤，使水土流失山地及崩岗得到有效控制。栽种 7 个月后，水土流失区巨菌草平均高度 5.07m，平均分蘖数 38 个，鲜草产量 37.2t/hm^2，根量 237kg/hm^2；崩岗区巨菌草高度达到 2～3m，平均分蘖数 18 个，鲜草产量 19.35t/hm^2，根量 96kg/hm^2（林兴生等，2014）。另外，何恺文（2017）进一步研究得到，在崩岗冲积扇区域，从土壤垂直方向上看，在

0～5cm 层宽叶雀稗保土蓄水能力较强,5～20cm 层巨菌草保土蓄水能力较强(图 7-51 和图 7-52)。因此,建议在崩岗侵蚀地上对 2 种草种进行混播,以发挥改良土壤的最大效应。

(a) 地上长势　　　　　　　　　　　(b) 地下根系

图 7-51　巨菌草地上地下生物量巨大

图 7-52　巨菌草治理崩岗(长汀)

9. 典型藤本

适宜红壤丘陵山地崩岗侵蚀区的生态恢复藤本植物品种主要有:爬山虎、野葛藤、五叶地锦、常春藤、火棘、迎春、常春油麻藤、扶芳藤。

下面重点对爬山虎进行介绍。

爬山虎(*Parthenocissus tricuspidata*)为葡萄科爬山虎属多年生落叶木质藤本植物。爬山虎适应性强,性喜阴湿环境,耐寒、耐旱、耐贫瘠,对土壤要求不严,但在阴湿、肥沃的土壤中生长最佳(图 7-53)。

爬山虎一般采取扦插繁殖。在距离崩壁基础 50cm 地方开挖条形沟,沟不浅于 30cm,宽度不低于 30cm。将有机肥和沟内土壤搅拌在一起,每米沟约施加 2kg 有机肥作为基肥。在崩壁基部进行双行栽植,每米栽植约 6 株,每行 3 株,并剪去过长茎蔓,栽植完

(a) 初期　　　　　　　　　　　　　　　(b) 后期

图 7-53　爬山虎治理崩岗崩壁

毕后，要立即浇蒙头水，并且要浇足、浇透。待爬山虎发出新芽后再追施复合肥，以后每隔一段时间施肥一次，并不定期浇水。

7.2.3　典型化学措施

1. 基于 PAM 的崩岗侵蚀阻控技术

1）PAM 简介

聚丙烯酰胺（Polyacrylamide）简称 PAM，俗称絮凝剂或凝聚剂，是线状高分子聚合物，分子量在 300 万～2500 万之间，固体产品外观为白色粉颗，液态为无色黏稠胶体状，易溶于水，几乎不溶于有机溶剂。应用时宜在常温下溶解，温度超过 150℃时易分解。非危险品、无毒、无腐蚀性。固体 PAM 有吸湿性、絮凝性、黏合性、降阻性、增稠性、同时稳定性好。该产品的分子能与分散于溶液中的悬浮粒子架桥吸附，有着极强的絮凝作用。它具有平面网格和立体网格结构，并极易溶于水。通过大量试验得出，当其溶解于水，并与土壤颗粒发生作用时，能够改善土壤结构，增强土壤水稳性，提高土壤抗水蚀能力。

PAM 作为一种合成的可溶性聚合物，广泛应用于坡地及沟道的防蚀中，在土壤管理中具有很大的潜力（Annbrust，1999；刘纪根和雷廷武，2002；王辉等，2008）。20世纪 80 年代人们发现阴离子型 PAM 能达到同样的效果且成本大大降低。2009 年在美国北卡罗来纳州两个公路建设工程的研究表明，与传统石谷坊相比，植物谷坊及植物谷坊+PAM 两种措施在拦截泥沙方面效果更为优异（Mclaugldln et al.，2009）。

2）PAM 阻控侵蚀试验

利用江西水土保持生态科技园的人工模拟降雨设施进行了花岗岩母质红壤土槽坡面不同 PAM 施用量配比试验（图 7-54）。试验所用的 PAM 均产自河南元亨净水材料厂，为阴离子型（水解度为 10%）。分子量分别为 600 万、800 万、1200 万和 1600 万。将从野外取回的土样风干后过 10mm 筛，然后装入长 300cm、宽 150cm、高 50cm 的土槽中，填土厚度为 45cm。在装填土之前，先在土槽底部填 2cm 厚的小碎石，并铺上透水纱布，以保持试验土层的透水状况接近天然坡面。静置相同时间（4h）待其含水量稳定之后，将事先配好的 PAM 溶液均匀地喷洒在供试土壤表面，待其充分风干之后进行降雨试验。

人工模拟降雨高度为 3m，为下喷式组合喷嘴，试验降雨强度为 60mm/h，土槽坡度为 10°，尾部放置集水器用来收集坡面产流和泥沙。PAM 溶液的浓度设定为 0.5g/L，喷洒量设定为 0g/m^2（CK）、2g/m^2 和 10g/m^2。每次试验降雨历时 30 分钟，每 3 分钟收集径流泥沙一次，获得其过程径流量和土壤侵蚀量。每个实验设两个重复，最后取平均值。

图 7-54　PAM 水土流失阻控模拟降雨试验

通过模拟降雨，对分子量为 1200 万、水解度为 10%的 PAM、施用量分别为 0g/m^2，2g/m^2 和 10g/m^2（编号分别为 CK、PAM-2、PAM-10），通过不同的 PAM 配比添加后，其产流产沙出现了显著性的变化。

在产流方面，PAM-2 与 PAM-10 均有增加产流的效果（图 7-55），径流量分别增加了 53.56%和 59.54%。可能是因为我们所采用的受试土壤结构性差，缺少可分散的黏粒，在降雨作用下容易产生结皮。喷施后土壤表面形成一层保护膜，形成"人工"结皮，导致土壤入渗降低，径流量增加的现象。在产沙方面，PAM-10 拦截泥沙的效率最好为 95.94%，其次为 PAM-2，拦沙效率为 90.41%，具有较好的拦截泥沙的作用。

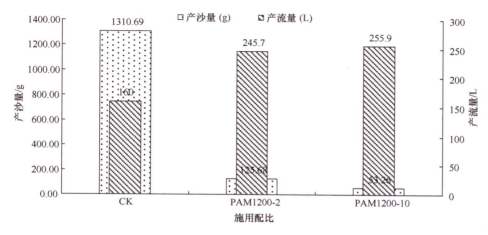

图 7-55　模拟降雨不同 PAM 添加量产流产沙变化

试验得出，当 PAM 溶解于水，并与土壤颗粒发生作用时，能够改善土壤结构，增强土壤水稳性，提高土壤抗水蚀能力。合理利用聚丙烯酰胺（PAM）不仅可以减少泥沙流失，还可以减少由于水土流失造成的大量有机质和氮、磷、钾等养分的流走。

3）PAM 阻控崩岗侵蚀技术

目前，治理崩岗主要的措施还是以植物和工程措施为主，虽然这些措施对崩积侵烛的防治有一定的作用和效益，但都存在周期长和见效慢的缺点，尤其是在治理初期，由于表土翻动，且缺乏植被保护，在强降雨条件下坡面土壤流失量巨大，严重影响各种生物措施的效益。鉴于此，在治理崩岗的过程中，可以将 PAM 化学措施有机结合在崩岗的整个治理过程中，实现 PAM 与植物和工程措施的有效集成，主要技术包括崩岗崩积体 PAM 与植物措施集成技术、谷坊 PAM 与植物护坡集成技术以及冲积扇 PAM 与植物措施集成技术等，通过在崩岗不同发育以及治理阶段，对不同部位喷施适量配比 PAM 溶液，可有效降低崩积体的产沙量，增加崩岗谷坊的稳定性和护坡草种的成活率，不仅有效地控制了崩岗的土壤侵蚀，还为崩岗崩积体以及冲积扇的土壤改良提供了一种有效的改良技术途径（图 7-56）。

图 7-56　PAM 现场施工

a. 崩积体 PAM 与植物措施集成技术

崩积体坡度主要在 20°～40° 之间，且主要分布在 30° 附近，崩积体土体有机质和黏粒含量低，缺少团粒结构，抗烛性和可蚀性参数较低，土体疏松容重小，土壤非毛管孔隙比例较高，入渗性能强，在降雨条件下易结皮使坡面的粗度变小，水流变急，造成侵蚀量增大，在大雨和暴雨等强降雨条件下，坡面可形成密集的侵蚀沟，土壤侵蚀严重，是崩岗土壤防治的重点区域。

崩积体作为崩岗侵蚀的主要泥沙来源，要根据崩积体坡度以及稳定性，对其进行适量配比 PAM 的撒施，进而增强崩积体土壤的理化性质和抗蚀性，在此技术之上，对坡度较大、地形破碎度较大的崩岗而言，对其进行单施适量配比 PAM 溶液的方式，或者采取削坡减载的方式，减缓崩积体坡度，开挖阶梯反坡平台，结合 PAM 喷施技术有效施加有机肥、从而起到提升坡面稳定性，增加雨水入渗，改善崩壁土壤水分条件，增加灌、草本植物成活率和覆盖度，注重以灌、草结合为主，主要灌、草种类为胡枝子、百喜草、黄栀子等。针对坡度较为缓和的崩积体坡面而言，主要采取依坡就势的方式，采取栽种灌、草与适量配比 PAM 溶液混施的方法进行崩积体坡面的整治，主要从改善坡面土壤稳定性以及植物成活率出发，从而提升坡面灌、草的立体发育，改善崩积体的土壤侵蚀情况。

b. 谷坊 PAM 与植物护坡集成技术

在崩岗侵蚀的综合整治过程中，由于崩岗口洪积物的再迁移和崩岗沟的下切会降低崩岗内崩积体的侵蚀基准面，从而进一步加重了崩岗侵蚀的发生和发展，为了减少崩岗洪积扇中泥沙物质往下游的运移以减少崩积体的再侵蚀，往往在崩岗口建立谷坊（土谷坊、干砌石以及浆砌石）拦截泥沙，从而提高土壤侵蚀基准面，有效阻止崩积体土壤侵蚀的进一步发育和泥沙向下游的运移。

在构建谷坊方面，为了突出其生态景观成效以及节约成本，本技术主要结合土谷坊的施工工艺，进行谷坊坡面的 PAM 与植物措施集成技术的探索。主要采取在谷坊顶部和迎、背坡面进行坡面施撒施量配比的 PAM 溶液，结合表面施撒种植相关适生草种，从而实现土谷坊边坡的防护和绿化生态环境提升，可起到提升谷坊草本植物的成活率以及谷坊稳定性的成效，从而连接上游下泄泥沙，提高土壤侵蚀基准面，可有效控制崩岗的进一步侵蚀，减缓和稳固现有土壤侵蚀状况，为后期崩岗植物措施治理提供了良好的土壤基质条件。

c. 冲积扇 PAM 与植物措施集成技术

崩岗冲积扇是由泥沙推移而形成的一种坡度较缓的扇状堆积体，其大量泥沙的输移直接引起农田产量降低甚至农田损毁，中国南方大量良田受到崩岗洪积扇泥沙输出的直接威胁，为实现耕地资源可持续发展，开发和研究洪积扇等潜在良性耕地成为热点。冲积扇的危害主要为大量洪积物冲入农田沙化土壤和破坏水利设施，防治措施主要为改善土壤结构、培肥土壤、兴修水利设施。

结合 PAM 在改善土壤机构以及培肥土壤方面的特性，我们通过在冲积扇开展不同 PAM 与植物措施相结合的治理方式，进而起到稳固冲积扇和提高土壤肥力的目的，主要采取措施有以生态修复为主的 PAM 与乔、灌、草立体栽培技术和发挥生态经济为主的 PAM 与经济作物种植集成技术（主要集成相应的工程措施和植物措施，开展 PAM 集成生态果园开发模式），通过相关研究发现，通过施用合适的 PAM 溶液施撒，施用 PAM 在一定程度上降低土壤容重，减少土壤有机质流失，并有效减少果园土壤速效磷、碱解氮和速效钾的流失，保肥效果良好。

2. 基于 W-OH 新材料的崩岗减源防塌技术

1）W-OH 简介

W-OH 的主要成分是一种改性亲水性聚氨酯树脂，呈淡黄色乃至褐色油状体，以水为固化剂，与水反应生成具有良好力学性能的弹性凝胶体，具有高度安全性，无二次污染。W-OH 在现有亲水性聚氨酯材料的基础上融合纳米改性、组成结构改变及功能材料复合技术，使改性后的复合材料完全克服了原有亲水性聚氨酯树脂耐光照、耐酸碱性、耐候性及力学性差等缺陷，具有高耐久性、自然降解可控性、环保性等特征（表 7-4 和图 7-57），大幅提高了凝胶固化力学性能以及其与多种材质（土、沙等）的结合力（高卫民等，2010）。

表 7-4 W-OH 新材料与亲水性聚氨酯的区别

指标	改性亲水性聚氨酯新材料（W-OH）	亲水性聚氨酯
外观	浅黄色透明液体	黄褐色透明液体
密度/（g/cm³）	1.18	1.1
黏度/（20℃，mPa·s）	650～700	200～800
固含量/（%）	85	60
凝固时间/（可调节范围，秒）	30～1800	20～1200
抱水量（倍）	≥40	≥15
主要成分	改性亲水性聚氨酯预聚物、MDI、丁酮、功能复合添加材料等	亲水性聚氨酯预聚物、TDI、甲苯等

(a) W-OH材料

(b) 固化前   (c) 3%浓度固化后   (d) 5%浓度固化后

图 7-57 不同浓度 W-OH 材料固化后形态

2）基于 W-OH 新材料的崩岗减源防塌技术

该技术是以水为固化剂，和 W-OH 材料混合，直接或与其他植生方法结合，喷涂于崩岗边坡斜面上（主要是崩岗集水坡面和崩壁斜坡），短时间内即发生凝胶、固化、形成弹性多孔结构固结层，有效地防止斜面因雨水而受到的侵蚀（图 7-58）。同时该固结层具备良好的保水、保温性，从而有效保证低成本的植生绿化方法（如种子撒播法等）的成功实施。

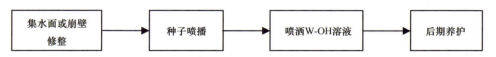

图 7-58 W-OH 新材料在崩岗侵蚀防控中应用的操作程序

　　崩岗疏松物质经 W-OH 作用后可形成固化层,在集水坡面使用可有效减少地表径流的渗漏,同时还可以提高土壤抗侵蚀能力,有效减少水土流失(图 7-59)。在播撒植物种子和肥料等的沙土上喷洒 W-OH 后,迅速形成多孔质弹性且有植生性能的固结层。该固结层具有良好的抗风蚀、抗紫外线降解可控性、保水、保温和保肥性,能促进植物生长。通常情况下喷洒 2%~5%浓度的 W-OH 两周后植物便可发芽、生长,当植物生长 2~3 个生命周期后 W-OH 的固结层便可逐渐自然降解,从而过渡到后期的生物可持续固沙固土(Wu et al.,2011)。

(a) 坝坡　　　　　　　　　　　　　　(b) 岸坡

(c) 湖岸

图 7-59　工人在坡面喷洒 W-OH

7.3　崩壁专项治理技术

7.3.1　崩壁防治技术要点

　　崩壁是崩岗运动的物质来源,崩岗的侵蚀过程主要是由崩壁的崩塌所导致的,崩壁的崩塌是整个崩岗演变过程中最活跃的部分。崩壁是崩岗治理的重点和难点。为了稳定崩壁，防止崩塌，控制溯源侵蚀，使崩壁达到逐步稳定的目的，为植树种草创造有利条件，须研究崩壁稳定及植被快速恢复技术。崩壁治理的最终目的是形成高稳定性和高郁闭度的植物防护层，保持稳定绿色的边坡形态，降低崩岗侵蚀风险。

首先确定并区分崩壁是处于相对稳定阶段抑或是活动阶段，确定其风险等级。对风险较小的相对稳定型崩壁，可以直接上植物措施；也可以采取工程措施和植物措施相结合的方法，以工程保植物、以植物护工程。对风险较高活跃型崩岗崩壁来说，单纯地施加植物措施进行边坡防护和植物覆盖意义不大，必须在采取工程措施、进行边坡防护的基础上才能上植物措施。

崩壁的治理，应根据崩岗的发育情况，采取不同的治理措施。

崩壁治理的工程措施主要包括：开挖台地/梯田、削坡开级（崩壁小台阶）、剥离不稳定土体、挡土墙防护、生态袋/植生袋防护；

崩壁治理植物措施则包括：挂网喷播植草、小穴植草、栽植攀缘性藤本植物。

7.3.2 崩壁治理和植被快速恢复技术

1. 削坡开级 + 灌草结合

对存在较大风险继续发育的相对活跃型崩岗崩壁，如果坡度较大、地形破碎度较大，可以采取此种方法对崩壁进行治理(图 7-60～图 7-62)。具体程序为：

（1）对崩壁削坡减载，减缓崩壁坡度。

（2）开挖阶梯反坡平台，内置微型蓄排水沟渠，蓄存雨水，增加雨水入渗，改善崩壁土壤水分条件。

（3）条件具备下还可以采取客土、施加有机肥、增加草本覆盖等措施来改善土壤小环境。

（4）在崩壁小台阶上大穴栽植耐干旱瘠薄的灌木和草本，以胡枝子、雀稗草等灌草为主。

(a) 削坡施工　　　　　　　　　　　　　　(b) 种植、灌草

图 7-60　削坡开级，灌草结合（赣县）

(a) 小台阶　　　　　　　　　　　　(b) 胡枝子

图 7-61　崩壁小台阶+胡枝子（赣县）

图 7-62　等高灌草带治理崩壁（连城）

2. 挡土墙/格宾网+植物挂绿

对崩塌严重、结构不稳定的风险较大崩岗的崩壁，可以采取先挡土墙或格宾网有效拦挡、再上植物覆盖的措施（图 7-63）。具体程序为：

（1）削去崩头和崩壁上的不稳定土体。

（2）在坡脚砌筑挡土墙（砖或石料）。

（3）在崩塌面采用爬山虎、地石榴和常春藤等藤本植物护坡。

（4）为使藤本初期有生根之处，可在挡土墙上喷浆或加挂三维网。

3. 植生袋/生态袋护坡

对风险较大崩岗的崩壁，可以采取植生袋或生态袋固基护坡的方式。此种方式对结构不稳定和稳定的崩壁都适用。与植生袋相比，生态袋成本稍高、但寿命更长，边坡更为稳固（图 7-64）。具体程序为：

图 7-63　挡土墙+植草覆绿（赣县）

（1）削去崩头和崩壁上的不稳定土体。

（2）设置"袋位"，根据崩塌面岩层和节理走向，开出水平槽带，或袋穴。

（3）安置"袋"，将装有营养土"植生袋"或"生态袋"置入"袋位"（穴），用锚钉加以固定。

（4）采取抹播的方式在袋面上植草（藤本植物）。

（5）覆盖无纺布，后期养护。

图 7-64　崩壁生态袋防护（赣县）

4. 木桩篱笆 + 灌草覆盖

对结构不稳定、尚处于发育过程中的风险较大的崩岗，如果其崩壁坡度适中或较小，可以采取此种模式处理（图 7-65）。

（1）沿着崩壁（或包含崩集堆）坡面，设置一排排的生态木桩编成篱笆状，层层拦挡。

（2）木桩要钉入到崩塌面岩层或崩集堆滑动面；同时下部务必钉入较深，上部钉入可以稍浅。

（3）根据实际情况，两排木桩间距 2~3m。

（4）木桩与崩壁坡面之间的角度建议在 90º~120º 之间变换。

（5）每排木桩篱笆就相当于一个基准面，再采取客土拌肥等方式种植草本或藤本植物。

图 7-65　生态木桩崩壁防护（赣县）

5. 小穴植草

水分是崩壁植被覆盖成功与否的关键因子。孔状小坑的存在有利于水分保存，能促进植物存活率（图 7-66）。本技术的基本程序为：

（1）按照品字形模式在崩壁上开挖小穴。

（2）将植物种子、有机肥和沙土等拌在一起，或直接将种子拌在腐殖质土中，再填装进穴内。以耐旱、耐贫瘠的灌木、藤本和草本为主；也可以直接将营养杯放置在穴内，或者将小苗带土移栽簇生状草本。

（3）适用于风险等级小或较小的崩岗崩壁。

崩壁干旱缺水、肥力匮乏，植物恢复存在两个关键环节。第一，水分是崩壁植物恢复成功与否的最为关键因子；第二是科学筛选耐旱、耐贫瘠的植物种类；有研究表明，穴状整地植草模式的涵养水分能力强于挂网喷播植草模式，而且小穴植草模式的成本较低，是崩壁植物快速恢复的较为理想的模式。

6. 三维网喷播草灌

三维网喷播草灌是治理崩壁的优良技术，在部分地区已经得到很好的应用。但对于

图 7-66　小穴植草（长汀）

风险较小的相对稳定崩岗崩壁较为适宜，不适于风险较高的活跃型崩岗崩壁（图 7-67 和图 7-68）。具体操作程序为：

（1）削去崩头和崩壁上的不稳定土体。

（2）直接在崩壁坡面上布置三维网。

（3）将植物种子、黏合剂、肥料、保水剂、加筋纤维等基质和水配制成黏性泥浆。草灌以当地乡土植物为主，如狗牙根、百喜草、胡枝子、山毛豆和紫穗槐等。

（4）利用小型喷播机直接喷送至敷设有三维网的坡面上。

图 7-67　三维网喷播草灌治理崩壁（五华）

姜学兵等（2017）选取两处处于稳定状态的裸露崩壁，设置了 9 种处理进行崩壁覆绿技术试验，包括 8 种崩壁复绿措施径流小区和 1 个对照小区（细沟喷播植草灌、小台阶细沟喷播植草灌、小台阶三维网喷播植草灌、三维网喷播植草灌、土工格网喷播植草灌、穴植草灌、细沟喷播植灌木、细沟喷播植牧草和对照）。其中所选灌草种类均为乡土植被，草本主要为百喜草、狗牙根，灌木为山毛豆、紫穗槐。通过监测分析崩壁土壤含水量、崩壁稳定系数、崩壁植被覆盖度、崩壁侵蚀量和崩壁径流量等指标，基于层次

图 7-68　三维网喷播草灌治理崩壁（赣县）

分析法，分析了 9 种不同稳定复绿模式对于崩壁稳定和复绿效果。结果表明，三维网喷播植草灌为崩壁稳定复绿最优技术模式。

7. 栽植攀缘性植物

根据崩岗沟底下垫面情况，在崩壁基部和崩岗沟底种植野葛藤、爬山虎等攀缘性植物，让它们自然向上生长覆盖，攀缘植物栽植方便，工程量小，需要改善种植立地条件的范围小，藤蔓爬附于崩壁能有效减缓暴雨径流对崩壁的直接溅蚀和冲刷，降低崩壁温度，减小崩壁土壤水分蒸发量，对保护和改善崩壁环境，具有明显效果。栽植时注意深挖沟，施足基肥，并注意后去灌水养护，加速覆盖（图 7-69）。

图 7-69　崩壁基部栽植爬山虎

根据崩岗侵蚀区立地条件，主要有爬山虎、野葛藤、地石榴（*Ficustikous*）和常春藤（*Hederanepalensis K.*）等攀缘性植物可以考虑。

7.4　不同风险类型崩岗侵蚀综合防控模式

7.4.1　基于风险评估的崩岗侵蚀防控总体思路

根据崩岗侵蚀风险评估结果，针对不同风险等级崩岗侵蚀提出相应的降低风险的对策，主要包括管理措施和技术措施。管理措施涉及行政管理、规章制度、宣传教育等，而技术措施包括崩岗发育环境背景整治技术、崩岗不同部位治理关键技术和崩岗治理模式等。风险低时，主要以预防（管理措施）为主，防止崩岗侵蚀发生或加剧。风险高时，就要采取技术措施为主，减缓崩岗侵蚀进程，减轻或规避危害（损失）。如图 7-70 和表 7-5 所示。

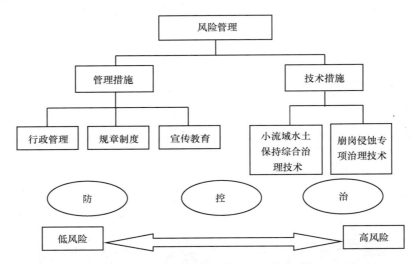

图 7-70　崩岗侵蚀风险管理总体思路

表 7-5　低风险崩岗侵蚀防控模式

等级	风险等级	防控思路	模式	具体措施	说明
1	低风险	防	封禁保护模式、保护性开发模式	宣传教育、行政监督、封禁管护、水土保持"三同时"	做好预防保护，合理开发利用
2	较低风险	防+控	"大封禁+小治理"的综合防控模式	宣传教育、行政监督、封禁管护、水土保持综合治理（水平竹节沟、补植阔叶树种和套种草灌）、水土保持"三同时"	面上保持现状，局部实施人为干预
3	中风险	控+防	小流域水土保持综合治理模式	宣传教育、行政监督、小流域水土保持综合治理	面上做好水土保持工作，局部开展崩岗侵蚀专项治理
4	较高风险	治+控	"崩岗侵蚀专项治理+小流域水土保持综合治理"防控模式	宣传教育、行政监督、崩岗侵蚀专项治理、小流域水土保持综合治理	崩岗侵蚀专项治理与小流域水土保持综合治理相结合
5	高风险	治	崩岗侵蚀专项治理模式	宣传教育、行政监督、崩岗侵蚀专项治理、风险监测预警、风险应急	全面开展崩岗侵蚀专项治理，做好风险预警及应急处置

7.4.2　不同风险等级崩岗侵蚀防控模式

1. 低风险崩岗侵蚀防控模式

对于低风险等级的崩岗侵蚀区域，崩岗侵蚀发生可能及危害均很低，基本没有风险。因此，在防控思路上基本以"防"为主，宜采取封禁保护模式或保护性开发模式，通过保持现状，去除或避免崩岗侵蚀发生发育条件，防止或减轻崩岗侵蚀发生可能性，从而实现降低或避免崩岗侵蚀风险。具体措施主要包括加强宣传教育、强化行政监督、重点实施封禁管护等，在开发过程中强化落实水土保持"三同时"制度。

封禁管护是指针对特定区域，通过解除生态系统所承受的超负荷压力，根据生态学原理，依靠生态系统本身的自组织和自调控能力，以及一定的外界人工调控能力，使部分或完全受损的生态系统恢复到相对健康的状态（图 7-71）。

图 7-71　封禁治理

在划定封禁区域之前，应对当地植被状况以及社会经济状况进行全面调查。根据调查结果，将封禁区域划分为全年封禁、季节封禁、轮封轮放、封治结合等 4 种。

（1）全年封禁是指全年一直保持封禁，严禁人畜进入，严禁毁林、毁草、陡坡垦荒等行为；全年封禁适用于植被恢复困难、交通不便的偏远山区。

（2）季节封禁是指春、夏、秋植被生长季节封禁，晚秋和冬季植被休眠期开放，允许林间割草、修枝；季节封禁适用于立地条件较好，植被恢复较快的薪炭林和用材林地。

（3）轮封轮放是指将封禁范围划分几个区，轮换封禁和开放。每个区封禁 3～5 年后，待植被恢复到一定程度后，可开放 1 年。合理安排封禁与开放的面积，做到既能有利于林木生长，又能满足群众需要；轮封轮放适用于植被恢复缓慢的薪炭林地。

（4）封治结合是指植被恢复困难地区，适当采取人工抚育措施，促进植被生长。封治结合适用于林相单一、植被稀疏或分布不均匀的区域。

根据划定的封禁区域，应及时搭建网围栏（图 7-72），在封禁区域的明显地段树立封禁标志碑牌（图 7-73）。同时，建立封禁规章制度和管护队伍（图 7-74），配套能源替代，保障封禁成果，因地制宜地发展小水电、风力发电、充分利用太阳能、天然气，优惠供给燃煤，积极推广沼气池（图 7-75）、省柴灶（图 7-76）。

图 7-72　网围栏

(a) 晋宁县

(b) 白河县

图 7-73　封禁标志碑

图 7-74　村规民约

(a) 沼气池

(b) 燃气灶

图 7-75　沼气池

图 7-76　省柴灶

2. 较低风险崩岗侵蚀防控模式

对于较低风险等级的崩岗侵蚀区域，崩岗侵蚀发生可能及危害均较低，尽管风险比较低，但偶有显现。因此，在防控思路上以"防"为主，辅以必要的"控"，宜采取"大封禁+小治理"的综合防控模式，通过"面上保持现状，局部实施人为干预"策略，以维持区域相对稳定状态为目标，在"面上"，南方雨热资源丰富，充分发挥大自然的自我修复能力，去除或避免崩岗侵蚀发生发育条件，防止或减轻崩岗侵蚀发生可能性，从而实现降低或避免崩岗侵蚀风险；在"局部"，通过水土保持技术措施处理，如开挖水平竹节沟（图 7-77）、补植阔叶树种和套种草灌等，同时加强病虫害和防火，促进植被恢复，控制崩岗侵蚀进一步发生发展的趋势，消除崩岗侵蚀危害对象，从而降低崩岗侵蚀风险。具体措施由单纯的管理措施向综合措施转变，主要包括加强宣传教育、强化行政监督、开展封禁管护、实施小流域水土保持综合治理等。

(a) 侧面　　　　　　　　　　　　　　　　　　(b) 正面

图 7-77　水平竹节沟

在大封禁过程中，当地政府颁布《封山育林命令》类似规章制度，在封禁治理区竖立醒目的封禁碑牌，层层签订合同，建立责任追究制度，实施目标管理责任制。在小治理过程中，对部分有迹象发育崩岗或崩岗发育初期的的集水坡面或冲积区（冲积扇）进行径流调控，开挖水平竹节沟或采用品字形开挖竹节沟，防止沟头冲刷，且蓄水保肥，并对马尾松老头林进行抚育施肥，促进其生长。植被结构或多样性不佳的地方适当补植一些阔叶树种和草灌，促进草灌乔结合，促进植物群落的顺向演替，恢复亚热带常绿阔叶林植被，变单纯的蕨类（铁芒萁）坡地或单纯的马尾松疏林为混合林坡。

在推进"大封禁+小治理"防控模式中，结合当时实际，因地制宜，采取行之有效的方式方法，下面提出五类工作方式供参考：一是以建促封。通过加强基本农田、小流域治理、水源工程、饲草料基地等建设，变广种薄收为集约经营，以建促封。二是以草定畜。从控制载畜量入手，采取多种手段降低草场载畜量，实现草畜平衡。三是以改促封。通过改变饲养方式和畜群种类，扩大饲草料种植面积，为大范围封禁治理提供保证。四是以移促封。把生活在生态条件异常恶劣地区的农牧民和他们的牲畜，迁往小城镇和条件好的地方异地安置，减少生态压力和人为破坏，为封禁治理条件。五是能源替代。

在烧柴问题相对比较突出的地区，通过沼气、节柴灶等途径，解决群众能源问题，促进生态恢复。

在本区域内允许一定程度开发，但在开发过程中必须强化落实水土保持"三同时"制度，防止诱发崩侵蚀发育条件。

3. 中风险崩岗侵蚀防控模式

对于中风险等级的崩岗侵蚀区域，说明崩岗侵蚀存在一定程度的发生可能及危害，其风险已不能被忽视。因此，在防控思路上以"控"为主，辅以必要的"防"，宜采取小流域水土保持综合治理防控模式，通过"面上"积极开展实施小流域水土保持综合治理工程，防治区域水土流失，改善生态环境，去除或避免崩岗侵蚀发生发育条件，防止或减轻崩岗侵蚀发生可能性，从而实现降低或避免崩岗侵蚀风险；在"局部"已发生崩岗位置，通过崩岗侵蚀专项治理技术措施，控制崩岗侵蚀进一步发生发展的趋势，消除崩岗侵蚀危害对象，从而降低崩岗侵蚀风险。具体措施主要包括加强宣传教育、强化行政监督、实施小流域水土保持综合治理等。

小流域水土保持综合治理坚持以小流域为单元，在全面规划的基础上，合理安排农、林、牧等各业用地，因地制宜地布设综合治理措施，治理与开发相结合，对流域水土等自然资源进行保护、改良与合理利用（图 7-78）。根据我国多年来小流域治理的实践经验，南方红壤丘陵区水土流失综合治理应遵循以下原则：

（1）尊重自然规律，确立人与自然和谐共处的发展方针。人工治理与发挥生态自然恢复能力相结合，充分认识并利用其生态系统的自我修复功能。

（2）全面认识流域生态经济系统的整体性、相似性与差异性，划分生态环境建设类型区。针对不同区域的生态经济特征，因地制宜地确定治理目标、土地利用结构以及保护与改善（含恢复、重建）的综合措施。

（3）坚持流域治理的综合性，包括综合分析诊断、综合规划、综合治理、综合开发利用，以获取综合效益。以保护与合理利用水土资源为指导，工程措施、林草措施、耕作措施和封禁措施优化配置。治理与开发利用相结合，提高土地资源的利用效益，促进土地资源可持续利用和生态良性循环。

图 7-78　山水田林路综合布局

4. 较高风险崩岗侵蚀防控模式

对于较高风险等级的崩岗侵蚀区域，崩岗侵蚀发生可能及危害均较高，其风险比较高。因此，在防控思路上以"治"为主，辅以必要的"控"，宜采取"崩岗侵蚀专项治理+小流域水土保持综合治理"防控模式，在已发生崩岗位置，通过崩岗侵蚀专项治理技术措施，控制崩岗侵蚀进一步发生发展的趋势，消除崩岗侵蚀危害对象，从而降低崩岗侵蚀风险；对未发生崩岗区域，积极开展实施小流域水土保持综合治理工程，防治区域水土流失，改善生态环境，去除或避免崩岗侵蚀发生发育条件，防止或减轻崩岗侵蚀发生可能性，从而实现降低或避免崩岗侵蚀风险。具体措施主要包括加强宣传教育、强化行政监督、开展崩岗侵蚀专项治理、实施小流域水土保持综合治理等。

　　崩岗侵蚀治理，注重工程措施和植物措施并举，根据崩岗不同发育阶段、不同类型、不同部位选取相应的治理措施。通过截水沟、排水沟、跌水、挡土墙、崩壁小台阶和梯田、谷坊、拦沙坝等，控制崩岗侵蚀的发展，同时配合水土保持林、经果林、种草及封禁等措施，加速植被恢复，形成多目标、多功能、高效益的防护体系（图7-79）。对相对稳定型崩岗，一般不采取比较大的工程措施，主要采取封禁治理措施，辅以林草措施使之绿化。对于活动型崩岗，治理措施布局一般可概括为"上截、中削、下堵、内外绿化"。

相对稳定型崩岗
治理措施：
①封禁治理；
②补植补种

(a) 相对稳定型崩岗

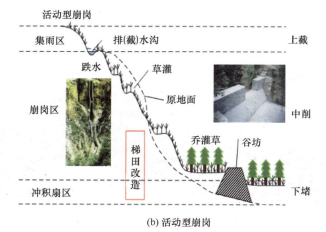

(b) 活动型崩岗

图 7-79　活动型崩岗治理示意图

上截：在崩岗顶部修建截水沟（天沟）以及竹节水平沟等沟头防护工程，把坡面集中注入崩口的径流泥沙拦蓄并引排到安全的地方，防止径流冲入崩口，冲刷崩壁而继续扩大崩塌范围，控制崩岗溯源侵蚀。同时要做好排水设施，排水沟最好布设在两岸，并取适当比降，排水口要做好跌水，沟底采用埋上柴草、芒萁、草皮等，以防止冲刷，然后将水引入溪河。

中削：对较陡峭的崩壁，在条件许可时实施削坡开级，从上到下修成反坡台地（外高里低）或修筑等高条带，使之成为缓坡或台阶化，减少崩塌，为崩岗的绿化创造条件；崩壁已变矮且崩岗面积较大的崩岗，通过对崩积体进行削坡修筑小台阶，可种植农作物或水土保持经果林。

下堵：对沟道比较顺直、沟口狭窄的条形崩岗沟，宜修建谷坊，拦蓄泥沙、抬高侵蚀基准面。沟道较长时，应修建谷坊群，并坚持自上而下的原则，先修上游后修下游，分段控制；对沟口较宽的弧形崩岗和瓢形崩岗，宜在崩壁坡脚线 5～10m 的距离布设挡土墙；对爪形崩岗或崩岗发育较集中的地段，应在崩岗沟的出口处或崩岗区下游修建拦沙坝。

内外绿化：为了更好地发挥工程措施的效益，在搞好工程措施的基础上，切实搞好林草措施，做到以工程措施保林草措施，以林草护工程措施，以达到共同控制沟壑侵蚀的效果。林草措施布设应根据崩岗的立地条件及不同崩岗部位，按照适地适树的原则，因地制宜，合理规划。崩岗顶部结合竹节水平沟、反坡梯地等工程措施合理布设水土保持林。崩壁修建的崩壁小台阶种植灌草，达到崩岗内部的快速郁闭。崩岗内部布设水土保持林或经济林果。水土保持林按乔、灌、草结构配置，选择适应性强，速生快长，根系发达的林草，采取高层次、高密度种植，快速恢复和重建植被。水土条件较好的台地上种植生长速度快、经济价值高的经济果木林，增加崩岗治理经济效益。在崩岗沟道中布设水土保持林和水土保持种草，对立地条件较好的部位可配置水土保持经果林。

通过调研，崩岗治理模式主要有以下三种：

1）变崩岗侵蚀区为水保生态区

按照"上截下堵中绿化"的原则，在沟谷布设必要的谷坊工程。选用抗性强、耐旱耐瘠的树、竹、草种，采用高密度混交方式，在崩岗侵蚀坡面、崩塌轻微，相对稳定的沟谷及其冲积扇造林种竹，快速恢复植被，改善治理区的生态环境。如福建安溪官桥长垄崩岗沟小流域，1990 年年初开始对该小流域进行综合治理，采取上拦下堵中绿化的治理模式，突出生态效益为主，把拦蓄泥沙，防止崩岗沟产生的大量泥沙下泄和小流域植被恢复为主要目标。主要采取马尾松（原有）+大叶相思+小毛豆+石决明、马尾松（原有）+杨梅+大叶相思等草灌乔混交治理，在崩岗沟内修建了 21 个谷坊，在小流域主干及其重要支流修建 3 个拦沙坝。在 2000 年 12 月调查表明，植被覆盖率显著提高，除坡地顶部外，其余植被覆盖率均达到 60%以上，坡面中下部植被覆盖率均达到 80%以上，整个崩岗沟小流域比 1990 年增加 50%～90%。许多地带性的灌木和耐阴的灌草已侵入，群落已演替到较高水平。随着坡地植被的生长，土壤肥力也得到明显提高。坡地平均有机质含量比原来提高了 0.9%，蓄水能力明显增强。修建的三个拦沙坝和 21 个土石谷坊到 1998 年已全部淤满，拦沙量达 2.0 万 m³ 左右。沟谷植被得到明显恢复，大部分沟壑植被覆盖率达 65%以上,小叶赤楠、石斑木、野漆、黄瑞木等已侵入,植物群落演替从阳性向阴性植物发展。由于整个小流域环境得到改善,许多动物(如野兔、野鸡、蛇、鸟类)已侵入,该小流域群落已成为我省侵蚀植被重建的典范。再据福建永春经验,在崩岗内采用株行距 4m×4.5m,穴规格 80cm×80cm×60cm,每穴施用 2 担土杂肥和 0.5 担人粪尿,栽种一年生竹苗共 6.97 亩。第二年栽种区的郁闭度达到 45%、第三年、第四年、第五年的郁闭度分别达到 80%、95%和 98%。第三年后,竹子就有每亩 95 元/亩的经济收入,第四年以后的经济收入在每亩 425 元/亩以上;治理 5 年后,土壤养分含量也有明显增加,土壤有机质从治理前的 4.0g/kg 提高到 5.0g/kg,全氮从 0.1g/kg 增加到 0.3g/kg。这种模式具有投资省的特点,但见效相对较慢,直接经济效益较小,常用于较边远的崩岗侵蚀区。

2)变崩岗侵蚀区为经济作物区

对地表支离破碎的崩岗群,采用机械或爆破的办法进行强度削坡,修成梯田,种植果树、茶叶或其他经济作物,既可治理水土流失,又可发展农村经济,增加农民收入。如狮峰小流域是福建永春严重的崩岗侵蚀区,面积 1491hm²,区内共有崩岗沟 108 处,沟壑面积达 18hm²,土壤贫瘠为花岗岩风化的沙质红壤,母质层出露,崩岗沟侵蚀严重,小流域平均年侵蚀模数达 9734t/km²,局部区域达 38000t/km²。1985 年开始,在坡顶种植水土保持林,坡面种植茶叶、芦柑等,并修建排水沟,在崩岗沟内和沟口修建土石谷坊,在崩岗沟崩积锥和沟底种植麻竹。到 2000 年,种植麻竹面积达 218hm²,形成了林、果、竹共生一体的良好植被,有效地控制了崩岗的发生和危害,植被覆盖率由治理前的 19.3% 提高到治理后的 85%,年土壤侵蚀模数减少到 453t/km²。以种竹为突破口的崩岗沟治理模式在该县已得到大面积推广,成为当地农民重要的收入来源。例如,福建诏安县官陂草子坝小流域是福建严重崩岗沟侵蚀区,流域面积 13.7 km²,崩岗沟共有 63 条,崩岗沟形态以条形为主,坡地相对较为完整。1989 年开始治理,对海拔 300m 以上的坡面采取封、造、管措施,共完成封禁治理 640hm²,营造水土保持林 220hm²,选择速生快长的湿地松混交大叶相思;在海拔 300m 以下的荒山坡地修筑梯田,种植荔枝 100hm²,种草 25hm²。同时,对崩岗沟内实行修建谷坊工程,并设置排水沟,在崩岗沟内种植麻竹、香蕉、荔枝等。目前,该小流域坡地植被覆盖率达到 77%;小流域年土壤侵蚀量由原来的 3800 t/km² 减少到 500 t/km² 以下,当地农民收入明显提高,60%的农民收入来自荔枝、香蕉等经济作物。

把崩岗侵蚀区变成了经济作物区。这种模式投入大,但见效快,经济效益显著,常用于崩岗相对集中的连片崩岗侵蚀区。

3)变崩岗侵蚀区为工业园区

对地理位置较好,交通方便的崩岗群或相对集中的崩岗侵蚀区,利用工程机械把崩岗推平,并配置好排水、淤地坝和道路设施,整理成为工业用地。如 1998 年,福建龙门镇利用国家债券项目,在省道 205 线旁边的榜寨小流域鬼空崩岗侵蚀区,把 40hm² 的崩岗集中区推平,并建两座拦沙坝、1 条 1990m 长的排水沟和 1 条 1km 长 10m 宽的水泥路。既直接保护了下游的近 1000 亩良田和 400 多户居民不受洪水和泥沙危害，又增加了 7hm² 的农业用地。目前，该治理区已建成为 1500 亩的工业园区。已有旺旺食品等多家企业在区内落户投产，有力地促进了当地经济的发展和农村富余劳动力的转移。这一模式虽然投入大，但回报率高且快，适用于交通要道、集镇周边的崩岗侵蚀区。

5. 高风险崩岗侵蚀防控模式

对于高风险等级的崩岗侵蚀区域，崩岗侵蚀发生可能及危害均很高，基本确定有风险。因此，在防控思路上就是"治"，宜采取崩岗侵蚀专项治理防控模式，通过崩岗侵蚀专项治理技术措施，控制崩岗侵蚀进一步发生发展的趋势，消除崩岗侵蚀危害对象，从而降低崩岗侵蚀风险。同时，加强风险监测预警，采取诸如移民搬迁、避灾疏散等有效的规避风险应对措施。具体措施主要包括加强宣传教育、强化行政监督、开展崩岗侵蚀专项治理、同步风险监测预警、启动风险应急等。

对本区域内居民点、人口、经济生产等进行详细调查，原则上实施移民搬迁，消除崩岗侵蚀危害对象。对实在难以移民搬迁或暂时难以实施的，建立崩岗侵蚀监测预警网络，制定风险应急预案，及时疏导群众避灾疏散，保障生命财产安全。

7.5　示范点建设

7.5.1　野外示范点筛选

赣县崩岗主要发生在花岗岩母质上，占全县崩岗的 87.03%，其次为红砂岩、变质岩，占 11.38%，紫色页岩、片麻岩占 1.59%。赣县的崩岗治理起步较早，在建国初期即开展了"封、堵、治"群众性治理，并取得了较好效果。如在 20 世纪 50 年代，三溪乡下浓村就曾获国务院"让崩岗长青树，叫荒漠变良田"的锦旗嘉奖（图 7-80）。近年来，赣县开展了崩岗治理试验示范工作，采取开发式和生态型两种崩岗整治模式，对 364 多个（处）崩岗进行了综合整治，兴建拦沙蓄水坝 113 座，修筑各类谷坊 685 座，现保存并仍在发挥作用的谷坊 486 座，累计治理和控制崩岗侵蚀面积 1072hm²，利用崩岗开发果园 200 余公顷，累计减少泥沙流失 129.29 万 t，取得了较好的生态、社会和经济效益。特别是在崩岗侵蚀防治实践中，探索出来的开发式崩岗整治模式，极大地激发了广大群众治理崩岗的积极性，并涌现了一批开发利用崩岗的先进典型。因此，赣县被选为赣南崩岗示范点建设地。

修水县地处赣西北边陲修河上游，土地总面积 4504km²，水土流失面积 1333.13km²，占土地总面积的 29.6%，是江西省水土流失严重县之一（图 7-2）。崩岗分布处地质构造复杂，主要岩性为前震旦变质岩，高峰期和燕山期闪光花岗岩，岩石风华剥蚀强烈，易产生水土流失。县域内红壤面积最大，主要发育母质包括花岗岩、红砂岩和第四纪红黏土，是崩岗侵蚀的主要对象。据 2005 年普查，修水县崩岗侵蚀遍布 36 个乡镇 395 个行政村，全县共有崩岗数量为 5457 个，占江西省总崩岗数的 11.35%，属全省严重县之一。

图 7-80　国务院为赣县颁发锦旗

修水县大型崩岗（≥3000m²）数为 2088 个，占总数量的 38.26%，中型崩岗（1000～3000m²）2341 个，占总数的 42.9%，小型崩岗（60～1000m²）1028 个，占总数的 18.84%。崩岗以弧形为主，兼有条形、瓢形、爪形、混合型。崩岗类型以活动型为主，活动型崩岗 4105 个，占总数量的 75.22%，相对稳定型崩岗 1352 个，占总数的 24.78%。可见，修水县的崩岗在江西北部比较有代表性，因此，选择其为赣北示范点（图 7-81）。

　　这两个示范点，一南一北，互为呼应，充分体现本章提出治理模式和技术的普适性（图 7-82）。

图 7-81　修水县崩岗现场

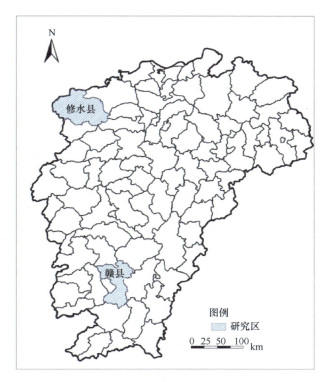

图 7-82　崩岗侵蚀综合防控模式示范点

7.5.2　赣县示范点

1. 基本情况

赣县示范点位于南塘镇黄屋村现代农业示范园。黄屋村土壤发育母质为花岗岩，崩岗情况严重（图 7-83）。

(a) 远景

(b) 局部

图 7-83　赣县示范点治理前

2015 年 8 月至 2016 年 4 月，依托水土保持小流域重点治理工程，在课题组的技术支持和经费补助下，重点对南塘镇黄屋村崩岗侵蚀群中的部分崩岗进行了综合治理（图 7-84）。根据现场实际情况，将整个崩岗侵蚀群分为四种风险等级，分别进行封禁管理、生态恢复、脐橙开发和规模整理建设用地四种治理模式。

(a) 项目公示牌

(b) 远景

(c) 俯视

图 7-84　赣县示范点治理后

2. 封禁管理区

针对项目区低风险等级的区域,依据前述研究结果,主要以管理措施为主(图 7-85),包括在周边村庄张贴或粉刷水土保持宣传标语(图 7-86),竖立封禁公告牌等措施提高附件民众的水土资源保护意识,以及加深对崩岗危害的感性认识和理性思考。

图 7-85　封禁处理

(a) 横标

(b) 竖标

图 7-86　宣传标语

3. 生态恢复区

项目区共对 7 个崩岗进行了生态恢复性治理。其中主要为活跃型崩岗,属于中等风险等级崩岗侵蚀区。根据前述研究结果,主要进行采取治坡、降坡和稳坡"三位一体"的生态恢复模式(图 7-87),按照"坡面径流调控+谷坊+植树种草"治理集水坡面、固定崩集体,稳定崩壁等措施,实施分区治理,最终达到全面控制崩岗侵蚀,提升生态效益的目的。

(a) 截水沟   (b) 排水沟

(c) 全景

图 7-87 崩岗集水坡面水系处理

坡面集水区：着重控制溯源侵蚀，在崩头和坡面调节径流，让其汇集到崩岗另一侧果业开发区的蓄水池中，从而阻断了崩岗系统物质和能量的继续输送，另外在崩头撒施化学材料 PAM，抑制坡面径流下渗，减轻崩岗崩壁与沟道压力（图 7-88）。

图 7-88 坡头喷洒 PAM

在崩壁上，坡底打直木桩、中间打斜木桩、坡顶打水平木桩，在木桩覆土后，形成一个个的小台面，在此基础上客土施肥种植迎春。两排木桩隔 2-3 米，每排木桩用竹片编成篱笆状。通过打木桩、编竹篱的方式，稳定土体，同时在稳定的坡面上种草，达到稳定崩壁和快速恢复植被的目的（图 7-89）。

(a) 打木桩　　　　　　　　　　　　　　　　(b) 编竹篱

图 7-89　崩壁与崩积体生态木桩+竹篱防护

部分崩积堆和沟道边坡采取工程措施+植物措施的方式进行防护（图 7-90 和图 7-91）。工程措施主要是建造生态袋挡墙进行固脚护坡。在崩积堆上，主要栽植红叶石楠、胡枝子、夹竹桃、雀稗，丰富生物多样性同时具有美化功能。在沟道两侧坡面上，主要通过栽植杜鹃、胡枝子、红叶石楠球、红花继木、爬山虎来进行植物护坡，提高坡面植被覆盖率。

(a) 俯视　　　　　　　　　　　　　　　　(b) 正面

图 7-90　生态袋固脚护坡

崩岗沟道同样采取工程+植物的组合措施进行泥沙拦截（图 7-92～图 7-94）。工程措施主要是生态袋谷坊（群），并在 3 个崩岗的共同出口修建一座拦沙坝。沟道内还种植了桉树、泡桐、杜英、胡枝子和宽叶雀稗，尽快形成生物措施沟道封闭。

(a) 崩壁防护   (b) 坡面防护

图 7-91　崩壁、崩积体、沟道边坡乔灌草植物防护

(a) 生态袋谷坊（一）   (b) 生态袋谷坊（二）

图 7-92　生态袋谷坊

(a) 生态袋谷坊群   (b) 拦沙坝

图 7-93　生态袋谷坊群和拦沙坝

(a) 谷坊+植物措施　　　　　　　　　　　　　　(b) 成林

图 7-94　植物措施沟道封闭

4. 果业开发区

针对项目区内崩岗的风险等级，还建设了面积约 60 亩的果业开发区，主要进行脐橙种植。脐橙开发区主要采取"前埂后沟+梯壁植草+反坡台地"模式进行改造（图 7-95）。

图 7-95　崩岗侵蚀区开发脐橙园

主要工作内容有：开挖截水沟，将脐橙园山顶（崩岗崩头集雨面）径流引导至蓄水池或工作便道的排水沟中；坡中位置建有沉砂池和蓄水池，主要是将崩岗崩头和上部坡面的径流通过截水沟和工作便道内侧的排水沟引流到蓄水池中便于果园水肥管理。建设坎下沟，将每一个带面内侧的坎下沟与空心砖工作便道相联通（空心砖工作便道内侧带有砖砌排水沟）。带面梯壁植草主要是种植宽叶雀稗草籽，加快植被覆盖。

5. 建设用地区

考虑到项目区崩岗侵蚀群距离赣县南塘镇圩镇很近，而且紧邻县道，交通便利，具备开发利用价值，因此规模整理为建设用地是一种可行的选择。在开发利用过程中，根据实际地形条件，以崩岗为中心，集中连片治理，将整个崩岗系统（包括崩头、崩壁、沟口冲积区）的全部范围或部分机械开挖推平，并配置好排水、挡土墙、护坡和道路设施，整理为工业用地（图7-96）。

　　　　　　　(a) 平整　　　　　　　　　　　　　　　　(b) 机械挖平

图7-96　崩岗侵蚀区规模整理为建设用地

排水沟主要是混凝土和砖砌排水沟两种；挡墙护坡主要是采取浆砌石（生态袋）挡墙和植草喷播组合的方式，以工程护植物、以植物保工程。

另外，在本示范点建设过程中还采用了喷施W-OH的化学措施，以保护坡面和促进植物防护（图7-97和图7-98）。在坡面上浇水后，喷洒草籽，然后分别覆盖W-OH，进行生草处理，实现了短时间内坡面草地覆盖，保护坡面免受侵蚀。喷洒化学材料后，在坡面快速生草，效果良好。

　　　　　　(a) 喷播植草　　　　　　　　　　　　　　(b) 浆砌石挡墙

图7-97　喷播植草（湿地松、蟛蜞菊、狗牙根）和浆砌石挡墙+喷播植草（狗牙根）护坡

7.5.3　修水示范点

1. 基本情况

修水示范点位于路口乡黄桥村马草垄崩岗侵蚀群（29°05.2619′N，114°04.5839′E）。

（a）生态袋　　　　　　　　　　　　　（b）挡墙

（c）W-OH

图 7-98　排水沟+挡墙+生态袋护坡+植草+W-OH 化学措施组合

马草垄崩岗侵蚀群含 6 个相对独立又连成一片的崩岗，既有风险等级较低的崩岗，也有风险等级较高的崩岗。该示范点以油茶园开发和生态恢复治理为主（图 7-99）。

（a）全景

(b) 局部　　　　　　　　　　　　　　(c) 正面

图 7-99　修水示范点治理前原貌

　　2016 年 4 月至 2017 年 10 月，依托国家农业综合开发水土保持项目，在课题组的技术支持和经费补助下，对该崩岗侵蚀群进行了治理。根据现场实际情况，将整个崩岗侵蚀群分为三种风险等级，针对进行封禁管理、生态恢复和油茶开发三种治理模式（图 7-100）。

图 7-100　修水示范点治理后全景

2. 封禁管理区

　　针对项目区低风险等级的区域，以管理措施为主，具体措施包括：在路口乡圩镇和黄桥村醒目位置张贴或粉刷水土保持宣传标语（图 7-101），如水土保持是山区脱贫致富的根本出路等；在村口张贴水土保持村规民约（图 7-102）；在路口树立封禁公告牌等（图 7-103）。

3. 生态恢复区

　　修水示范点生态恢复区主要采取治坡、降坡和稳坡"三位一体"的生态恢复模式进

(a) 标语（一）　　　　　　　　(b) 标语（二）

(c) 标语（三）　　　　　　　　(d) 标语（四）

图 7-101　水土保持宣传标语

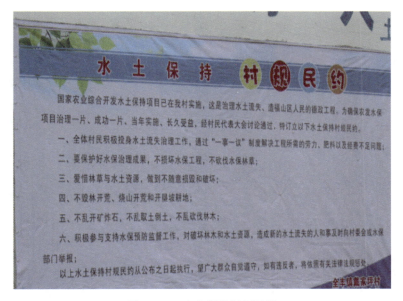

图 7-102　水土保持村规民约

行治理。具体措施包括：按照"坡面径流调控+谷坊+植树种草"的综合措施治理集水坡面、固定崩集体，稳定崩壁和沟道；在集水坡面通过开挖排水沟和条带植草等措施调节梳理径流，控制溯源侵蚀（图 7-104）；在坡中或坡脚修建沉沙池+蓄水池组合并与排水沟相连接，形成坡面水系工程（图 7-105、图 7-106）；在沟道出口修建干砌石谷坊和浆砌石挡墙拦截下泄泥沙，抬高侵蚀基准面（图 7-107）。在沟道和边坡补植竹类、胡枝子和宽叶雀稗，形成乔灌草组合提高植被覆盖。

图 7-103　封禁治理

图 7-104　集水坡面条带植草（草路）减缓径流冲刷

(a) 排水沟　　　　　　　　　　　　　　　　(b) 截排水沟

图 7-105　排水沟

(a) 沉沙池（一）　　　　　　　　　　　　(b) 沉沙池（二）

图 7-106　沉沙池建设

4. 油茶开发区

油茶是修水县重点发展的产业。在水土保持局的技术支持和经费补助下，大户在项目区开发种植了 40 亩的油茶。主要采取"水平条带+梯壁植草（宽叶雀稗）"的技术组

(a) 谷坊（一）　　　　　　　　　　　　　　(b) 谷坊（二）

(c) 拦沙坝（一）　　　　　　　　　　　　　(d) 拦沙坝（二）

图 7-107　谷坊和谷坊群

合进行改造（图 7-108 和图 7-109）。

(a) 水平条带　　　　　　　　　　　　　　(b) 油茶种植

图 7-108　条带开挖种植油茶

图 7-109　梯壁植草

7.6　小　　结

（1）通过广泛调研，系统总结了崩岗治理典型工程措施、植物措施、以及化学措施，并通过试验进行了适应性分析。在此基础上，针对崩壁，总结了削坡开级+灌草结合技术、上爬下挂技术、小穴植草技术、生态袋护坡技术等崩壁专项治理技术。

（2）根据崩岗侵蚀风险评估结果，针对不同风险等级崩岗侵蚀特点，提出不同风险类型崩岗侵蚀综合防控模式，总体思路为：风险低时，主要以预防（管理措施）为主，防止崩岗侵蚀发生或加剧；风险高时，就要采取技术措施为主，减缓崩岗侵蚀进程，减轻或规避危害（损失）。

（3）建设了赣县、修水两个崩岗防控示范点，并且已经取得了一定的经济效益和生态效益。两个示范点的建设为当地的"山水林田湖"建设起到了积极的促进作用，得到了当地政府的肯定。

参 考 文 献

蔡德所, 李荣辉, 万魁等. 2012. 基于 DEM 和土地利用的水土流失风险评价. 中国水土保持, 2: 29-36.

陈金华. 1999. 安溪县崩岗侵蚀现状与防治对策. 福建水土保持, 11(4): 21-23.

陈洋. 2010. 基于遥感与 GIS 的流域崩岗敏感性分析. 福州: 福建师范大学硕士学位论文.

陈志彪, 朱鹤健, 刘强, 等. 2006. 根溪河小领域的崩岗特征及其治理措施. 自然灾害学报, 15(5): 83-88.

陈志明. 2007. 安溪县崩岗侵蚀现状分析与治理研究. 福州: 福建农林大学硕士学位论文.

崔金鑫, 何政伟, 赵文吉, 等. 2010. 基于 RS 与 GIS 的密云县集水区土壤侵蚀风险评价. 首都师范大学学报, 31(2): 65-68.

丁光敏. 2001. 福建省崩岗侵蚀成因及治理模式研究. 水土保持通报, 21(5): 10-15.

丁树文, 蔡崇法, 张光远. 1995. 鄂东南花岗地区重力侵蚀及崩岗形成规律的研究. 南昌水专学报, (1): 50-54.

范兴科, 蒋定生, 赵合理. 1997. 黄土高原浅层原状土抗剪强度浅析. 土壤侵蚀与水土保持学报, (4): 70-76.

冯明汉, 廖纯艳, 李双喜, 等. 2009. 我国南方崩岗侵蚀现状. 人民长江, 40(8): 66-68.

高卫民, 吴智仁, 吴智深, 等. 2010. 荒漠化防治新材料 W-OH 的力学性能研究. 水土保持学报, 24(5): 1-5.

葛宏力, 黄炎和, 蒋芳市. 2007. 福建省崩岗发生的地质和地貌条件分析. 水土保持通报, 27(2): 128-132.

葛宏力, 黄炎和, 林敬兰, 等. 2011. 区域水系与崩岗空间分布的关系. 福建农林大学学报: 自然科学版, 40(2): 187-188.

古丽霞. 2010. 五华县水土流失现状与治理. 广东建材. 26(3): 169-171.

何恺文. 2017. 草本植被根系对崩岗洪积扇土壤分离的影响. 福州: 福建农林大学硕士学位论文.

何其华, 何永华, 包维楷. 2003. 干旱半干旱区山地土壤水分动态变化. 山地学报, (2): 149-156.

胡宝清, 王世杰, 李玲, 等. 2005. 喀斯特石漠化预警和风险评估模型的系统设计. 地理科学进展, 24(2): 123-129.

黄艳霞. 2007. 广西崩岗侵蚀的现状, 成因及治理模式. 中国水土保持, (2): 3-4.

黄志尘, 颜沧波. 2000. 安溪县龙门镇崩岗调查及防治对策, 福建水土保持, 12(1): 39-45.

黄志刚, 欧阳志云, 李锋瑞, 等. 2009. 南方丘陵区不同坡地利用方式土壤水分动态. 生态学报, 29(6): 3136-3146.

贾吉庆. 1993. 福建省水土流失加剧的原因及其防治策略. 福建水土保持, (2): 27-30.

贾吉庆. 1994. 崩岗防治的探讨. 福建水土保持, 19-20.

江金波. 1995. 再论崩岗侵蚀的成因与防治——以德庆、五华两地为例. 中国水土保持, (1): 19-22, 62.

姜学兵, 黄俊, 金平伟, 等. 2017. 基于层次分析法的几种崩岗崩壁治理模式评价研究. 人民珠江, 38(5): 62-66.

蒋芳市. 2013. 花岗岩崩岗崩积体侵蚀机理研究. 福州: 福建农林大学博士学位论文.

蒋芳市, 黄炎和, 林金石, 等. 2014. 坡度和雨强对崩岗崩积体侵蚀泥沙颗粒特征的影响. 土壤学报, 51(5): 974-982.

匡耀求, 孙大中. 1998. 雷州半岛第四纪台地区的崩岗侵蚀地貌. 热带地理, 18(1): 42-49.

李双喜. 2009. 关于南方崩岗防治规划中几个技术问题的探讨. 人民长江, 85-86.

李双喜, 桂惠中, 丁树文. 2013. 中国南方崩岗空间分布特征. 华中农业大学学报, 1: 83-86.

李思平. 1991. 广东崩岗形成的岩土本质. 福建水土保持, (4): 28-33.

李思平. 1992a. 崩岗形成特性以及防治对策的研究. 水土保持学报, 6(3): 29-35.

李思平. 1992b. 广东省崩岗侵蚀规律和防治的研究. 自然灾害学报, 68-74.

李晓松, 吴炳方, 王浩, 等. 2011. 区域尺度海河流域水土流失风险评估. 遥感学报, 15(2): 372-387.

李旭义. 2009. 南方红壤区崩岗侵蚀特征及治理范式研究——以福建省为例. 福州: 福建师范大学硕士学位论文.

李旭义, 查轩, 刘先尧. 2008. 南方红壤区崩岗侵蚀治理模式探讨. 太原师范学院学报(自然科学版), 7(3): 106-110.

梁音, 宁堆虎, 潘贤章, 等. 2009. 南方红壤区崩岗侵蚀的特点与治理. 中国水土保持, (1): 31-34.

廖建文. 2006. 广东省崩岗侵蚀现状与防治对策探讨. 人民珠江, (1): 35-37.

廖义善, 孔朝晖, 卓慕宁, 等. 2017. 华南红壤区坡面产流产沙对植被的响应. 水利学报, 48(5): 613-622.

林敬兰. 2012. 南方花岗岩地区崩岗侵蚀成因机理研究. 福州: 福建农林大学.

林敬兰, 黄炎和, 张德斌, 等. 2013. 水分对崩岗土体抗剪切特性的影响. 水土保持学报, 27(3): 55-58.

林明添, 杨生健, 郑淳. 1999. 大田县崩岗滑坡现状与防治对策, 水土保持通报, 19(1): 49-51.

林兴生, 林占熺, 林冬梅, 等. 2014. 荒坡地种植巨菌草对土壤微生物群落功能多样性及土壤肥力的影响. 生态学报, 34(15): 4304-4312.

刘辰明. 2013. 鄂东南花岗岩崩岗土壤水分特性及抗剪强度研究. 武汉: 华中农业大学硕士学位论文.

刘纪根, 雷廷武. 2002. 坡耕地施加 PAM 对土壤抗冲抗蚀能力影响试验研究. 农业工程学报, 18(6): 59-62.

刘瑞华. 2004. 华南地区崩岗侵蚀灾害及其防治. 水文地质工程地质, (4): 54-57.

刘希林, 连海清. 2011. 崩岗侵蚀地貌分布的海拔高程与坡向选择性. 水土保持通报, 31(4): 32-36, 41.

刘希林, 张大林. 2015a. 崩岗地貌侵蚀过程三维立体监测研究——以广东五华县莲塘岗崩岗为例. 水土保持学报, 29(1): 26-31.

刘希林, 张大林. 2015b. 基于三维激光扫描的崩岗侵蚀的时空分析. 农业工程学报, 31(4): 204-211.

鲁胜力. 2005. 加快花岗岩区崩治理的措施建议. 中国水利, 10: 44-46.

闫婕, 杨华, 赵纯勇. 2015. GIS 支持下的土壤侵蚀潜在危险度分级方法研究与应用. 水土保持通报, 25(4): 61-64.

牛德奎. 1990. 赣南山地丘陵区崩岗侵蚀阶段发育的研究, 江西农业大学学报, 12(1): 29-36.

牛德奎. 1994. 崩岗侵蚀调查方法的探讨. 江西水利科技, (1): 42-47.

牛德奎. 2009. 华南红壤丘陵区崩岗发育的环境背景与侵蚀机理研究. 南京: 南京林业大学博士学位论文.

牛德奎, 郭晓敏, 左长清, 等. 2000. 我国南方红壤丘陵区崩岗侵蚀的分布及其环境背景分析. 江西农业大学学报, 22(2): 204-208.

潘树林, 冉玲. 2012. 金沙江宜宾段土壤侵蚀潜在危险度. 宜宾学院院报, 12(12): 81-83.

丘世钧. 1990. 红土丘坡崩, 陷型冲沟的侵蚀与防治. 热带地理, 10(1): 31-39.

丘世钧. 1994. 红土坡地崩岗侵蚀过程与机理. 水土保持通报, 14(6): 31-41.

丘世钧. 1999. 切割下坠——砂页岩地区崩岗源头墙壁后退方式之一. 水土保持通报, 14(1): 20-22.

阮伏水. 1991. 福建崩岗侵蚀机理初探. 福建水土保持, (4): 33-37.

阮伏水. 1996. 福建崩岗沟侵蚀机理探讨. 福建师范大学学报(自然科学版), 24-31.

阮伏水. 2003. 福建省崩岗侵蚀与治理模式探讨. 山地学报, (6): 675-680.

阮伏水, 周伏建. 1995. 花岗岩侵蚀坡地重建植被的几个关键问题. 水土保持学报, 9(2): 19-25.

尚志海, 丘世钧. 2004. 广东省红色风化壳地区水土流失严重性的成因分析——以五华县为例. 地质灾害与环境保护, (4): 15-18.

沈林洪, 陈晶萍, 黄炎和. 2001. 宽叶雀稗的性状研究. 福建热作科技, (2): 1-8.

施悦忠. 2008. 安溪县长坑乡崩岗侵蚀成因与治理措施探析. 亚热带水土保持, 20(2): 35-37.

史德明. 1984. 我国热带、亚热带地区崩岗侵蚀的剖析. 水土保持通报, 4(3): 32-37.

佟瑞鹏. 2015. 风险管理理论与实践. 北京: 中国劳动社会保障出版社.

万军, 蔡运龙, 路云阁. 2003. 喀斯特地区土壤侵蚀风险评价. 水土保持研究, 10(3): 149-155.

王辉, 王全九, 邵明安. 2008. 聚丙烯酰胺对不同土壤坡地水分养分迁移过程的影响. 灌溉排水学报, 27(2): 86-89.

王礼先. 2004. 中国水利百科全书: 水土保持分册. 北京: 中国水利水电出版社.

王文娟, 邓荣鑫, 张树文. 2014. 东北典型黑土区沟蚀发生风险评价研究. 自然资源学报, 29(12): 2058-2067.

王学强, 蔡强国. 2007. 崩岗及其治理措施的系统分析. 中国水土保持, 29-31, 60.

王彦华, 谢先德, 王春云. 2000. 风化花岗岩崩岗灾害的成因机理. 山地学报, (6): 496-501.

魏多落, 林敬兰, 黄炎和, 等. 2008. 崩岗土体抗剪强度与水作用关系研究. 福建省第十二届水利水电青年学术交流会论文集. 247-253.

吴克刚, ClarkeD, DicenzoP. 1989. 华南花岗岩风化壳的崩岗地形与土壤侵蚀. 中国水土保持, (2): 4-8+64.

吴志峰, 邓南荣, 王继增. 1999. 崩岗侵蚀地貌与侵蚀过程. 中国水土保持, 12-14, 48.

吴志峰, 李定强, 丘世钧. 1999. 华南水土流失区崩岗侵蚀地貌系统分析. 水土保持通报, 19(5): 24-26.

吴志峰, 王继增. 2000. 华南花岗岩风化壳岩土特性与崩岗侵蚀关系. 水土保持学报, 14(2): 31-35.

吴志峰, 钟伟青. 1997. 崩岗灾害地貌及其环境效应. 生态科学, 16(2): 91-96.

肖胜生, 杨洁, 方少文, 等. 2014. 南方红壤丘陵崩岗不同防治模式探讨. 长江科学院院报, 31(1): 18-22.

谢建辉. 2006. 德庆县崩岗治理及其防治对策. 亚热带水土保持, 19(2): 52-54.

谢小康, 范国雄. 2010. 广东五华乌陂河流域崩岗发育规律及其治理——以应龙山为例. 山地学报, 28(3): 294-299.

熊尚发, 刘东生, 丁仲礼. 2000. 南方红土的剖面风化特征. 山地学报, (1): 7-12.

徐朋, 林卫烈. 1991. 福建崩岗的分类命名初探. 福建水土保持, (4): 37-39.

许冀泉, 蒋梅茵, 虞锁富, 等. 1983. 华南热带.亚热带土壤中的矿物. 中国红壤: 41-73.

许金城, 施悦忠. 1997. 安溪县崩岗侵蚀的调查与对策. 福建水土保持, 6(4): 28-30.

颜波, 汤连生, 胡辉, 等. 2009. 花岗岩风化土崩岗破坏机理分析. 水文地质工程地质, (6): 68-71+84.

杨永欢. 2011. 五华县水土流失现状及保护对策. 广东水利水电, (4): 69-71.

姚清尹. 1989. 花岗岩裂隙构造及其对风化与岩体破坏的影响, 广东水土保持研究组. 广东水土保持研究, 北京: 科学出版社.

姚庆元, 钟五常. 1966. 江西赣南花岗岩地区的崩岗及其治理. 江西师范学院学报, 61-77.

殷祚云, 陈建新, 王明怀, 等. 1999. 花岗岩风化壳崩岗侵蚀整治方案及效益. 水土保持通报, 19(4): 12-17.

岳辉, 曾河水, 陈志彪. 2005. 河田侵蚀区崩岗的生物治理研究. 亚热带水土保持, 17(1): 13-14, 28.

曾国华, 谢金波, 李彬姗, 等. 2008. 南方花岗岩区各种崩岗的整治途径. 中国水土保持, (1): 16-18.

曾朋. 2012. 花岗岩残积土的压实特性及崩解特性研究. 广州: 华南理工大学硕士学位论文.

曾新雄, 王万华. 2007. 低台地花岗岩残积土表层硬壳层的评价与利用. 地下空间与工程学报, 3(2): 378-381.

曾昭璇. 1960. 地形学原理. 广州: 华南师范大学出版社.

曾昭璇. 1992. 从暴流地貌看崩岗发育及其整治. 福建水土保持, 1: 18-23.

曾昭璇, 黄少敏. 1980. 红层地貌与花岗岩地貌. 中国自然地理(地貌). 北京: 科学出版社: 139-150.

张大林, 刘希林. 2011. 崩岗侵蚀地貌的演变过程及阶段划分. 亚热带资源与环境学报, 6: 23-28.

张金泉, 徐颂军. 1989. 五华县的水土流失及其分区治理. 热带地理, (3): 213-221.

张宽地, 王光谦, 吕宏兴, 等. 2012. 模拟降雨条件下坡面流水动力学特性研究. 水科学进展, 23(2): 229-235.

张平仓, 程冬兵. 2014. 《南方红壤丘陵区水土流失综合治理技术标准》应用指南. 北京: 中国水利水电出版社.

张淑光, 蔡庆, 邓岚. 1993. 我国南方崩岗形成机理的研究. 水土保持通报, 13(2): 43-46.

张淑光, 姚少雄, 梁坚大, 等. 1999. 崩岗和人工土质陡壁快速绿化的研究. 土壤侵蚀与水土保持学报, 5(5): 67-71.

张淑光, 钟朝章. 1990. 广东省崩岗形成机理与类型. 水土保持通报, 10(3): 8-16.

张晓明, 丁树文, 蔡崇法, 等. 2012a. 崩岗区岩土抗剪强度主要影响因素及衰减机理分析. 安徽农业科学, (9): 5534-5537.

张晓明, 丁树文, 蔡崇法. 2012b. 干湿效应下崩岗区岩土抗剪强度衰减非线性分析. 农业工程学报, (5): 241-245.

张信宝. 2005. 崩岗边坡失稳的岩石风化膨胀机理探讨. 中国水土保持, (7): 10-11.

张学俭. 2010. 南方崩岗的治理开发实践与前景. 中国水利, (4): 17-18

张雪才, 崔晨风, 王伟. 2012. 陕西境内渭河流域水土流失的风险评估. 水资源与水工程学报, 23(4): 107-111.

张志国, 李锐, 王国梁. 2007. 基于 GIS 的区域水土流失生态风险评价. 中国水土保持科学, 5(5): 98-101.

赵辉, 罗建民. 2006. 湖南崩岗侵蚀成因及综合防治体系探讨. 中国水土保持, (5): 1-3.

赵健. 2006. 江西省崩岗侵蚀与形成条件. 水土保持应用技术, (5): 16-17.

赵立. 2015. 五华县近 59 年暴雨变化气候特征分析. 现代农业科技, (22): 231, 233.

郑邦兴, 张胜龙. 1990. 崩岗植物治理技术及效果. 中国水土保持, (4): 30-32.

钟继洪. 1992. 粤东山区土壤侵蚀及其对农业生态环境的影响, 水土保持通报, 12(5): 34-37

钟美英, 李凤梅. 2010. 五华县近 52 年降水统计分析及最大降水量重现期的估算. 广东水利水电, (12): 37-40.

周为峰, 吴炳方. 2006. 区域土壤侵蚀研究分析. 水土保持研究, 13(1): 31-34.

周作旺. 2000. 浅析地下水对崩岗形成的作用. 广西水利水电, (3): 55-57.

朱显谟. 1995. 中国南方的红土与红色风化壳. 水土保持研究, (4): 94-101.

祝功武. 1991. 崩岗的选择性发育成因与防治——以五华县为例. 热带地理, 11(2): 152-156.

庄雅婷, 黄炎和, 林金石, 等. 2014. 崩岗红土层土壤液塑限特性及影响因素研究. 水土保持研究, (3): 208-211, 216.

邹文发. 1988. 湖南花岗岩区土壤侵蚀的特点及防治. 湖南师范大学自然科学学报, 11: 77-82.

Angima S D, Stott D E, OtNeill M K, et al. 2003. Soil erosion prediction using RUSLE for central Kenyan highland conditions. Agriculture Ecosystems&Environment, 97(1-3): 295-308.

Annbrust D V. 1999. Effectiveness of Polyacrylamide (PAM) for wind erosion control. Journal of Soil and Water Conservation, 3: 557-559.

Cohen M J, Shepherd K D, Walsh M G. 2005. Empirical reformulation of the universal soil loss equation for erosion risk assessment in a tropical watershed. Geoderma, 124: 235-252.

di Cenzo P D, Luk S H. 1997. Gully erosion and sediment transport in a small subtropical catchment, South China. Catena, 29(2): 161-176.

Flanagan R, Norman G. 1993. Management and Construction. Oxford: Blackwell Science Ltd.

Gallet S, Jahn B M, Lano Euml V V, et al. 1998. Loess geochemistry and its implications for particle origin and composition of the upper continental crust. Earth & Planetary Science Letters, 156(3-4): 157-172.

Imeson A C, Kwaad FJPM. 1980. Gully types and gully priduction. Geografisch Tijdschrift, 14: 430-441.

Lu D, Li G, Valladares G, et al. 2004. Mapping soil erosion risk in Rondnia, Brazilian Amazonia: using RUSLE. remote sensing and GIS. Land Degradation & Development, 15(5): 499-512.

Luk S H, Peter D, Liu X Z. 1997. Water and sediment yield from a small catchment in the hilly granitic region, South China. Catena, 29: 177-189.

Luk S H, Yao Q Y, Gao J Q, et al. 1997. Environmental analysis of soil erosion in Guangdong Province: a Deqing case study. Catena, 29: 97-113.

Mclaugldln R A, King S E, Jenmngs G D. 2009. Improving construction sire runoff quality with fiber check dams and poly acrylamide. Journal of Soil and Water Conservation, 64(2): 144-153.

Scott M D, Huang L J 1997. Rainfall, evaporation and runoff responses to hill slope aspect in the Shenchong Basin. Catena, 29: 131-144.

Vrieling A, Sterk G, Beaulieu N. 2002. Erosion risk mapping: A methodological case study in the Colombian Eastern Plains. Journal of Soil and Wrater Conservation, 57(3): 158-163.

Woo M K, Fang G X, Peter D. 1997. The role of vegetation in the retardation of rill erosion.Catena, 29: 145-159.

Wu Z R, Gao W M, Wu Z S, et al. 2011. Synthesis and characterization of a novel chemical sand-fixing material of hydrophilic polyurethane. Journal of the Japan Society of Materials Science, 60(7): 674-679.

Xu J X. 1996. Benggang erosion: the influencing factors. Catena, 27: 249-263.

Yair A, Klein M. 1973. The influence of surface properties on flow and erosion processes on debris covered slopes in an arid area. Catena, 1(1): 1-8.

Zanchar D. 1982. Soil Erosion. New York: Elesrier Scientific Publishing Company: 281-287.

Zingg A W. 1940. Degree and length of land slope as it affects soil loss in runoff. Agricultural engineering, 21(2): 59-64.